好主管一定要學會

責罵的技術

主管這樣罵人，部屬感激你一輩子

嶋田有孝 著
張婷婷 譯

推薦序

願意說重話的主管，才是你的貴人

主管的責任：「管理、教育、支持」三事而已。然而這種胡蘿蔔與棍子交替運用的角色，有人終其一生努力學習，有人望之卻步。

在管理的行為中，主管大多扮演黑臉或不討好的工作，部屬喜歡你也好，不喜歡你也罷，恩威並施，**鼓勵與責罵交互運用**，成為主管每日工作項目中，喜歡或是不喜歡都要做的事。然而難就難在**該如何責罵，部屬會欣然接受，主管自己也能扮演好管理者的角色**，這就是件終其一生需要努力的事，本書提供您在管理工作上的最佳解藥。

▼帶著情感的責備，部屬一生難忘

我在職業生涯中遇見許多願意責罵我，讓我現在感激不已的好主管。我在房仲業的第二年，因為很早就晉升主任經紀人，少年得志加上自以為是，很快的，晉升後第一季的業績就迅速下滑，降級之後的自己自暴自棄，不僅客戶維繫未能跟上腳步，連基本功都荒廢長草。

店長與我單獨在會議室裡的一席談話，**責備加上關懷**，終於讓我的情緒潰堤；會後店長拿出一罐冰的純喫茶，要我擦乾眼淚的畫面，讓我久久無法忘懷，職場歷練二十餘年的我，視店長的責備為一劑激勵的強心針。

在外商擔任業務主管時，我的老闆是澳洲人，他不苟言笑、實事求是的態度，是我學習國際化企業經營管理的最佳身教。有一回我在客戶經營上犯了大錯，或許說是大忌吧，他在遙遠電話那頭，用英文責備我的經典畫面，就算已經事隔十多年，我還清楚記得他說：「誠信，才是客戶關係的首要工作」，他全程用英文責備我，我聽來就像中文一樣刻骨銘心，當然也奠定我在未來B2B客戶經營上的重要學習。

▼讓部屬從錯誤中學習成長，是主管的首要工作

我自己很常用「三明治責備法」面對我的部屬，三明治顧名思義，就是「**先讚美，再針對問題責備，再安撫鼓勵員工**」的一種技術，書中教了您65種責備的技術，熟悉其中絕妙之處，用對方法，不用擔心得罪部屬，部屬也會感激您一輩子的。

本書詳細為主管們剖析責備的時機、順序與技巧，不僅身為主管者應該要看，建議所有的上班族也應好好閱讀，不僅對於職場工作有莫大幫助，對於教育小孩也有異曲同工之妙。

「責備的技術」雖然與霹靂手段不盡相同，但它肯定是主管菩薩心腸的最佳寫照與詮釋。能放下「是否會被討厭」的顧慮，在該指正部屬時挺身而出，這才是一位懂得帶人的好主管。

兩岸知名企管講師・商周專欄作家　謝文憲

Contents 目錄

序章 好主管得先瞭解「責備的本質」

該說的就要嚴格說出口，這本來就是主管的天命

Chapter 1

好主管才知道的14個責罵技巧

學會罵人的技巧，就能擁有責罵的勇氣

Chapter 2

被罵部屬的心情，主管一定要能懂

找藉口的部屬、會反抗的部屬、逃避的部屬，該怎麼責罵？

Chapter 3

責罵之前，主管該學習的12種正確心態

找出每位部屬的優點，並引導他們百分百發揮

Chapter 4

最有效的職場責罵技巧大公開

如何當一個會罵人且一樣受敬愛的主管？

前言

罵人的技巧，是主管必備的能力

「只憑自己的感覺發怒罵人很簡單，這種事誰都能輕易做到。然而，如果是要『有計劃』的生氣，即**針對適當的對象，選對好的時機，為了正當的目的，用正確的方法，就不是件容易的事，也並非每個人都有辦法做到。**」這是古希臘哲學家亞里斯多德的話。兩千多年的紀元前年代，世界的領導者就已經在腦子裡煩惱著「該怎麼罵人」了。

對一個管理者而言，在職場上總會面臨需要責罵部屬的時候，然而這對許多人來說卻很不容易。

「因為擔心打壞人際關係，所以不敢罵人。」

「我總是沒辦法冷靜下來，最後都讓責罵流於情緒化。」

「開口罵了，然而他惱羞成怒，讓我不知道該怎麼辦才好。」

我想對於主管們來說，諸如此類的煩惱應該很多吧！

此外，更有不少人則是不了解責罵的本質，誤以為責罵就是在懲罰對方，責罵就是要怪罪對方，要他反省。

在以主管為對象的研習課程上，你問他們有什麼要求與最需要學習的地方，「請教教我該怎麼責罵部屬的方法吧」佔了很高的比率，就是有這麼多的主管在煩惱「如何責罵部屬」。

過去我曾以「為什麼你們不敢責罵部屬呢？」作過問卷調查，對象是企業界的管理幹部，結果出現比率最高的答案是「**擔心打壞和部屬的關係**」，這部份佔了三十六・九％，是壓倒性的第一名。

具體的回答有：「害怕傷害了對方，使得他失去工作士氣而一蹶不振」；「擔心惡言相向而讓部屬討厭自己」；「擔心和部屬之間的人際關係會搞得很彆扭，最後相處起來很困難」。

名列第二的是「**沒有自信**」，這部份佔了二十四・三%。他們也列舉了許多因素，諸如：「自己也並非任何事情都能搞定，實在沒理由若無其事地責罵別人」；「沒有信心自己的意見一定正確」；「我的實力還不足以罵人」等等。

排行第三的是「**不知道該怎麼罵**」，佔了十七・一%。具體而言的有「不知該怎麼開罵才好，根本不得其門而入」；「不知道什麼時候才適當，我總是錯過開口罵人的最佳時機」；「罵完之後無法收拾」等等。

除了適才提及的前三名之外，其他還有「光做好自己的事就已經精疲力盡了，實在沒有多餘的心力關照部屬的問題」；「被責罵的人頂嘴時，害怕自己下不了台」；「想用讚美的方式培植部屬」等等意見。

回頭想想，商業人士並沒有系統化學習如何責罵他人的機會，**大多數都是以自己過去在職場或家庭中受到責罵的經驗為藍本**，以此用來責罵自己的部屬，也因為都是自己土法煉鋼的方式，不順利、受挫折是必然的結果，並且在經歷幾次失敗後，開始對於責罵別人這件事失去了信心，覺得自己做不到、不擅長。

主管要想能正確地要求與責罵部屬，必須跨越三個門檻。

首先就是確實了解責罵的本質。責罵並不是一種傷害部屬的作為，而是促使部屬有成長的機會，也是為了部屬好。唯有正確理解「責罵」這個行為本質，才會是真正學會責罵的第一步。

第二個門檻是要擁有責罵他人的勇氣。想要八面玲瓏處處討好別人的主管是無法責罵部屬的，**即便對部屬有感情，也要抱持就算被討厭也沒關係的覺悟。**對自己扮演的角色與責任有自覺，並與部屬保持一定的距離才能有效的做好責罵和要求。

第三個門檻是學習正確責罵的要點。在罵人時，倘若只是貿然憤怒地亂吼一通，對方一定無法接受、也聽不進去。如果對方不能承認自己的過失，也不認真尋求改進，那麼就算你一天罵上幾十回，也沒有任何意義。

不諱言地，我們是必須顧慮被罵的人的心情，但也不能因此而模糊了焦點，重要的是要能使用正確的責罵方法。

「責罵」是有訣竅的，只要掌握幾個要點，你就可以學到把想法傳達給對方的責罵方式。

在本書中，我們將分為五個章節循序說明，幫助讀者**瞭解責罵的本質**、**擁有責罵的勇氣以及學習正確的責罵方法**。只要能跨越這三個門檻，任何人都將能夠學會有效與正確的責罵。

每個人都是一塊尚待琢磨的璞玉，只要經過好的工法就能夠發出光芒，否則仍舊只是一塊石頭。想一想，好好地磨練部屬，是誰的工作？當然是主管的工作。

有些時候你要**教導**，有些時候你應該給予**讚美**，有些時候你就必須透過**責罵**，慢慢地磨練部屬。

我擔任管理職已經超過二十幾年了，然而時至今日依然還在煩惱該怎麼責罵部屬。記得剛接任主管職的時候，自己也曾經有一段時期因為擔心被討厭而不敢責罵部屬，後來我也只懂得怒氣沖沖地破口痛罵，而一段期間，我面臨無論怎麼罵也改變不了部屬，當時真不知道該如何是好。在本書中，我也會提出過去曾遭遇失敗挫折的實例。

這條帶人之路，我繞了好遠才找回正途，如今回頭想想，倘若當初能早一點學會正確的責罵技巧，自己也就無需如此痛苦了。

身為本書的作者，我很希望可以幫助那些正在為了該怎麼指導部屬而感到苦惱的主管，讓他們能夠藉由了解我失敗的過程而得以避開遠路，更早學會「責罵的技術」，那就再好不過了。

接下來，就讓我帶著你們開始學習責罵的對策吧！

嶋田有孝

二〇一三年八月

序章

好主管得先瞭解「責罵的本質」

該說的就要嚴格說出口，
這本來就是主管的天命。

01

不敢責罵，是主管自私的表現

無論是哪一家公司，必然有不會罵部屬的主管，他們絕大部分都會被身邊的人們認為「為人真體貼」，而這所謂的體貼也成了他們的隱身衣。因為那並**不是真正的體貼，而是一種懦弱，也是天真的表現。**

翻查字典後發現，「體貼」的意思是「為他人著想，感情豐富」。很明顯地，並不是對旁人百依百順，更不是縱容放任。體貼真正的涵意應該是「為對方著想」。

「如此責罵，會不會對他造成傷害啊，這樣實在太可憐了。」在我剛剛當上管理職的時候，就曾有過這種誤解。其實，放任部屬的缺點不加以糾正，不讓他有改過遷善的機會，那才是真正悲慘的事。

「當對方犯錯的時候，不會放水，而是明白的指點與糾正」，這才是真正

的體貼。倘若不這麼做，部屬將永遠無法發現自己的不足，一直再犯同樣的錯誤。這種假體貼，是無法幫助對方成長的。

「我的職責不是對員工放任，而是要提高他們的能力。」[1]這是蘋果電腦創辦人史蒂夫・賈伯斯所說的，他也締造出世界頂尖的卓越企業。

真正的體貼有時是很嚴格的。**如果工作上有問題，就該毫不留情的斥責，**這才是做為主管真正的體貼。無法責罵部屬的主管，其實是一種自私，以自我為中心的表現，因為他體貼的是自己，希望藉此為自己博得「體貼」的讚譽，而不是真心體貼部屬，希望他們可以變得更好。

所以，對於一個完全不責罵他人的主管，給予「他真是個體貼的人」這樣的評價，絕對是錯誤的。「他是個自私自利的傢伙，根本不懂得什麼叫體貼」，這麼說才是正確的。

Point

「該罵的時候就得罵」，這才是主管對部屬真正的體貼。

1 出自《*I, Steve. Steve Jobs in His Words*》，Geroge Beahm編著；竹內一正監譯／解說。

02

會讚美，懂得責罵，才是好主管

我曾聽過有些領導人認為，罵人就是責難，是傷害部屬的一種行為——這絕對是百分百的誤解。

「罵」這個字在日文的原意是：「仔細確認狀況後告訴對方，並大聲地激勵對方，使其奮起」。所以責罵是**確認**應有的理想結果和實際現狀之間的差距，然後**告訴**對方、**激勵**對方，令對方**改善**。

一般來說，主管給部屬的回饋有兩種。其一是肯定對方，給對方自信和勇氣的**正向回饋**，也就是所謂的「讚美」；另一個是否定對方，要求對方反省和改善的**負面回饋**，也就是「責罵」。乍看之下這兩者似乎是背道而馳完全相反的事，不過無論是前者或是後者，其鎖定的**目標都是一致的**——希望促使部屬成長。

所以，好的主管會藉由責罵指出部屬沒能做好的部分，使其往正確的方向與態度接近。換言之，就是給予部屬的「改善提案」，是一種**讓部屬獲得成長的教導說明**。如果我們是以這種概念來思考的話，責罵就不是什麼傷害部屬的行為了。

話說如此，那又為什麼會覺得責罵是一種傷害呢？原因就在於對方覺得難過與痛苦。然而那樣的疼痛、難受感，和傷口消毒或者是受傷時的塗藥所感受的不舒服是一樣的。如果因為擔心對方不能忍受疼痛，而不給予治療，那麼傷口又怎能痊癒呢？**要治好毛病首先就必須能夠克服疼痛**，這對部屬而言絕對有極大的益處。

「責罵，是一種為部屬著想的作為」，打從心底理解認定這一點，是學會責罵的第一步。

Point

責罵目的只有一個——為了讓部屬成長。

03

不責罵，部屬不會進步

一般來說，人的進步過程會經歷三個階段。

第一個階段是「**察覺**」，這是一個會找出自己有哪些地方做得不夠，做得不好的階段；第二個階段是「**反省**」，在這個階段人們會回顧過去的行動，承認自己的過錯；第三個階段是「**改善**」，此時人們會開始有作為，進行錯誤的修正，開始讓自己變得越來越好。

如果連自己哪裡沒做好都一無所悉，又怎麼可能會反省，更遑論改善了。「察覺」可說是所有成長開始的第一步。

察覺自己的錯誤或不足之處，若無法自發的覺醒，就必須仰賴別人的從旁指點。例如客訴，對公司而言就是一種察覺問題的契機。經由顧客的指責，就有機會理解自己的品質或服務的缺失，才能夠著手加以改進。

責罵，其實也有同樣的效果。

很多時候，**人們總會自我感覺良好，給予自己過高的評價**，甚難發現自己的缺點或者該如何做得更好，藉由第三者的斥責，就能明瞭自己有哪些問題應該要改善。

主管的責罵就是明確並清楚地給予部屬察覺自我錯誤的機會，得知有哪個部分沒有做好，就能夠以此為起點，開始反省、改進。面對部屬的錯誤，主管若是沒有加以斥責而予以放水，就等同剝奪了他們察覺錯誤的機會，結果只會是部屬喪失成長的契機。

「讓你的部屬有機會站在成長的起跑點！」這就是責罵的本質。

Point

主管的責罵，能讓部屬發現自己的不足，才有成長的可能。

04

讚美和斥責，是一體兩面

「我要用讚美來栽培部屬。」

「我要讓部屬盡情發揮自己的長處。」

在我剛當上主管職的前幾年，一直都把這些話當作藉口，從沒有責罵過部屬。然而背後真正的原因並非是這樣，只是害怕被部屬討厭，怕自己沒人緣，也就不敢責罵他們。

當你坐上公司的管理職位，**無論「讚美」或「斥責」，都是關心部屬的作為**，其目的無非是關心他們的成長所給予回饋，這兩者彼此互為表裡，核心概念都是相同的。

如今回想起來，當時的我對於部屬的讚美，並不能說是真的發自內心，或許比較像是討好、迎合，只因為我不希望被討厭，於是就自己往部屬靠攏。

拿健康檢查或斷層掃描當作比方好了，如果無法同時指出好的部分和壞的部分，那就一點意義都沒有。

「你這個部分沒有問題喔。」像這樣只告訴我們「哪裡沒問題」，其實並沒有太大的意義。因為除了知道身體哪裡是正常的之外，我們更應該要清楚跟正常狀況、健康狀況相較之下，哪些地方有哪種程度的毛病。只有指出有問題的部份，我們才能夠改變生活習慣，或接受藥物治療，往健康的目標前進。

即便安排了健康檢查，卻只告訴你「身體正常良好」的部分，完全不透露你哪邊出了狀況，有了毛病，隱瞞你真的應該要治療的地方，面對這樣的醫生，你會有什麼感覺？不責罵部屬的主管，不就等於是在幹這種事的庸醫嗎？

不要只會一味地稱讚你的部屬，如果有不對的地方，就率直的說出來。讚美與責罵，如同銅板的正反兩面，只有同時妥善運用兩者，你才會是一個稱職的管理者。

Point

好主管必須能兼顧平衡讚美與責罵。

05

讚美和責罵一起說，效果驚人

藉由主管的讚美或責罵，還能對部屬產生三種作用。

第一個作用就是**栽培部屬**。當主管讚美部屬做得好的部分，他們就會受到激勵而產生強化作用；當主管運用好的責罵技巧讓部屬清楚明白自己不足之處時，他們也會努力地加以改善，這兩者都是成長的動力來源。

第二個作用就是增進部屬的**積極工作意願**。透過讚美與責罵，給予部屬一個「只要你願意，就一定能做到」的自信心，如此一來將可以提高他們的工作積極態度。

第三個作用，就是公司規範或**價值觀的滲透**。運用有效的讚美和責罵，便能夠把組織規則和主管的價值觀適當的傳達給部屬。

做得好就讚美，穩固並強化良善的作為；相反的，做得差就要責罵，杜絕這樣的行為重複發生，如此一來，組織的規則和價值觀就會逐漸滲透到整個團隊當中。

我想許多人都知道，只有當正極和負極接在一起時，電池才有辦法產生電力，對於部屬的指導也是如此。

如果只是一味地給予讚美，那麼部屬便會漸漸地鬆散，一個沒能上緊發條的組織必然失去正常的成長。反過來說，倘若只知道喝斥責罵，部屬也會變得畏畏縮縮，又怎麼可能成長呢？如同電池一樣，**唯有當「讚美」與「責罵」串接起來之後，才能產生指導部屬的功效。**

當以下的循環在經過一輪迴之後，部屬必然會學到，「受到責罵是一個讓自己有所成長的契機」。

責罵↓發現缺點↓反省↓改善↓被讚美↓有了自信。

即便是微不足道的小事，當部屬被你責罵之後已經有所改善，都應該不吝嗇地給予讚美。如此一來，從被責罵開始的一連串的行動，對部屬來說都會是一個成功的體驗，他們也會因此產生自信心。當經過幾次的反覆之後，部屬自然不會再抗拒主管的責罵了。

運用讚美和責罵，你可以順利地培育部屬，提高他們的積極意願，並且把價值觀滲透到組織團隊之中。這兩者缺一不可，只有在一起並用時，才有辦法發揮功效。

倘若真的想要好好的栽培部屬，就請你**用心的讚美，用力的責罵**。

Point

只要把責罵與讚美串接起來，部屬才不會抗拒。

06

不責罵的弊害，超乎想像

前面我提及，責罵是幫助部屬察覺自我不足的機會，如果在需要之時主管不加以指責，對方無法發現自己的缺點，也就無法加以改進。「不責罵」的問題不僅只有這樣，甚至還會有其他的弊害產生。接下來，我就和大家分享一則自己過去失敗的真實案例。

某一天，我的部屬違反了公司內部規定，把自己的頭髮染成了褐色。然而，我並沒有警告他，只因為我缺乏責罵人的勇氣。於是，這件事成了組織內部紊亂的開端。

這名部屬原本的人緣就不太好，對他的批評聲浪四處可聞，而且都集中在「大家都礙於公司規定，強忍著不敢去染髮，憑什麼只有他可以，實在太沒有道理了吧」。

內部氣氛一下子變得很糟，團隊工作也越來越混亂。

緊接著，大家就開始質疑我的領導力。他們在背後批評我說：「為什麼嶋田先生如此放任，都不警告他呢？」大家對我的領導能力嗤之以鼻。

後來我更因此失去了客戶對公司的信賴，有個客戶當著我的說：「他那個頭髮是怎麼回事？你們公司什麼時候變成演藝經紀公司了？」

大約經過了兩星期之後，我才終於無法忍受這一切，開口責罵了那位部屬。然而所有同事早已對他相當不滿，根本沒有什麼好話可說，他發現自己在整個團隊裡是被孤立的，而且也因為沒有任何人提醒，這使他最後受到很大傷害，就因為我沒有及時的加以責罵。

整起事件的肇因，**只因為主管逃避了應盡的責任，視而不見地沒對部屬加以斥責**，其結果所產生的弊害實在超乎想像的多。

首先，主管本人會因為沒有盡到責罵對方的責任，使得自己的領導力受到質疑，也失去團隊夥伴的信任。其次是違反規定的部屬無法改善，還因此被討厭而受到傷害，以及公司內部人際關係產生混亂，團隊工作受到了不良的影響。更不幸的是，因此降低了顧客對公司的信賴程度。

不責罵部屬的弊害，會出乎你意料得大。

Point

不責罵，對缺失視而不見，只會讓問題越滾越大。

07

帶著感情責罵，一定會得到感激

現在回想起來，過去我之所以沒能責罵部屬，「自私地為自己著想」的成分大過於「為部屬著想的念頭」，比起「希望讓部屬成長」，我「不願意被人討厭」的想法強烈許多。

當部屬違反公司的管理規定，隨便辦事、過於馬虎的時候，能否毫不猶豫予以嚴厲呵責要求，端看你的內在感情朝著哪個方向來想。

假如愛自己更勝於部屬的話，你就會自私地選擇不出聲責罵，讓自己扮演一個爛好人，用此來博取部屬的情感。然而像這種**以自我為中心的考量，久而久之別人一定會看穿。**

相反地，如果能以部屬為優先考量而不是為自己，這樣的主管就會開口要求部屬。之所以能做到這點，是因為在他內心確信：「這都是為了他好，希望他能夠改善成長，就算我被討厭也是值得的。」唯有抱持這樣的信念，主管才有辦法做好責罵的工作。

倘若只知用摸摸頭的溫柔來對待部屬，忽視他錯誤的行為，沒做到位的任務處理，這種方式絕對不是「愛部屬」，而是「害部屬」。當部屬提出百般藉口與推諉地說：「那我也沒辦法啊」，主管卻還縱容忍耐的話，就是沒有盡到身為一個主管職該有的責任，只是阻礙部屬的成長，妨礙組織長遠發展的行徑。

天台宗[2]有一句教誨名語：「忘己利他」，這句話是出自於最澄上人曾經所說：「忘己而利他乃慈悲之極。」身為公司的管理幹部，考量事情的出發點不應該只關心自己的利害關係，**而責罵部屬就是一種忘己利他**，有利部屬的行為之一。

「幫助你獨當一面，這是我最希望做到的事。」

「我衷心盼望自己能夠幫助你持續成長，直到成為一個成功的人。」

責罵、要求部屬時，最重要的是必須帶著感情指責，你的出發點是為了部

2 天台宗，始於中國魏晉南北朝末期，西元九世紀初由日本僧人最澄東傳至日本，現為日本佛教一個很重要的宗派。

屬好，唯有在這樣的心情下，才有辦法做好責罵的工作。

當你對部屬、對工作的感情，超越了為自己著想的心情時，你就能夠脫胎換骨，從一位「無法責罵部屬」的爛好人主管，轉變為一個受人敬重與感激的好主管。

Point

責罵是忘己利他，是為部屬謀利的作為。

08

從長遠來看，責罵絕對是有益的

「斥責只會讓部屬感到沮喪、難過，罵人肯定是不好的。」有些人一直都這樣認定。然而，部屬的沮喪真的是一件壞事嗎？

我們都知道，生活中經常用到彈簧反作用力的原理，只有在彈簧受到擠壓之後才能彈跳得高。責罵部屬也是相同的道理，雖然會讓部屬產生一時的沮喪，然而正是如此才能帶給他**反彈的力道**，讓部屬得到**前進的動力**。

「可惡，我現在就做給你看！」因為點燃了這樣的鬥志，部屬會有更大的進步。從短期來看，我想沒有人會喜歡被責罵。一開始，被主管呵責的部屬必然對這樣的對待感到厭惡，甚至還可能因此而內心受傷，罵人的主管很難避免地被部屬所討厭。接著上演的是周遭氣氛變得緊張，部屬不高興、主管討人厭，整個團隊氣氛變糟了，工作士氣很可能會受到影響，受到打擊……。

看起來全然沒有一件好事。

然而，讓我們以長期的視野來看，那又會是如何呢？

部屬因為受到責罵而明瞭自己問題的所在，也就得到自我改進的機會，於是他將會一步一步踏踏實實的成長。經過一年、三年，部屬必然會發現：「**當初要不是主管的責罵和要求**，我是不可能清楚自己的問題，**也就沒有今日的成就**。」這時他將會滿心感謝主管。

在擁有正確責罵技術的主管底下做事，團隊每個人的能力勢必都會越來越強，隨著歲月的累積，整體團隊的能力將會獲得大幅的提升。當人人都充滿自信，積極進取，公司業績與工作效率的提升也勢必指日可待。

因為被責罵，部屬獲得了成長機會，身為主管的你因而被感謝，整體工作團隊也有所進步——長期來看，正確的責罵之後，伴隨而來全都是美好的事。

Point

主管的責罵是部屬前進與成長的動力，不久將來他將對主管滿心感謝。

09

即便自己做不到，也要勇於糾正

「我也有做不到，做不好的事。」

「我自己也有所不足，實在無法忽視這點去責罵部屬。」

這些往往是主管無法責罵部屬的理由。

許多主管因為虛心於自己的實力不夠好，於是也就不敢出言訓斥部屬。然而，你應該先不管自己的狀況，而是在適當與需要之時仍然直接對部屬提出要求，這絕對是主管當仁不讓的職責，看看以下的理由，相信你一定能同意。

第一個理由，任何的職業運動比賽，教練在技能上都不比選手厲害，然而教練總是要指導選手哪些姿勢要改進，哪些地方需要調整，**從來沒有教練因為顧慮選手技能比自己好就不敢給予指導的**。或許難免會有部屬在內心偷偷抱怨：「你自己都做不到，還敢這麼講我」，即便如此，你也不可因此退縮，畢竟責罵的本質是「讓部屬發現自己沒有做好的部分」。

第二個理由，透過責罵的行為，**主管本身也會因此得到成長**。當你責罵要求部屬之後，自己也將會有非辦到不可的壓力。

比方說，當你指責部屬「要打招呼」時，那麼自己怎能不以身作則；要求部屬「要嚴格遵守時間」，自己又豈敢隨意遲到呢？就因為你要求了別人，也將迫使自己的行為開始改善、學習與成長。

第三個理由，當部屬明白了自己的缺點而逐步改善，主管也因為要求別人而不得不提升自己，如此一來大家的能力都獲得增長，顯而易見地，**整個團隊自然比過去更加具有競爭力**。

就當你改變了想法，不再拘泥於自己的能力夠不夠，是否有辦法做到，不去擔心部屬怎麼想，把這些顧忌都先擱在一旁，盡責地要求部屬，讓整體團隊都獲得了相當的改善，也會變得更加活躍。

每位主管都要注意，**毋須每次都用「上對下的態度」來責罵部屬**，而是以

「我自己也並非樣樣都能做好，就讓我們一起注意吧」。

不要再把「沒有自信」當成藉口，你必須要積極正確的責罵部屬，因為那將會帶動你和團隊成員們一起成長。

Point

就算自己只能做到八十分，也要盡責地要求部屬。

10

責罵產生衝突，衝突讓組織更活絡

從當上主管的那一天起，你在公司扮演的角色就已經改變了，你已經從選手變成教練，也因此，公司對你的要求也將和過去有所不同。儘管已經變成教練，倘若心情**還是和過去擔任選手一樣，那可就麻煩了**，因為教練所肩負的職責，是幫助選手的能力得到提升，並且要能在競賽中獲勝。

「活躍」這個名詞，字典上的解釋是這樣：「物質的原子或分子在高活力狀態下，容易與其他原子或分子衝突而產生化學反應，意指反應活潑。」說明了活躍是必須經過衝突才能引發的。

這個道理，在企業體制中也同樣適用，要讓組織活化，「衝突」不可避免。而這種衝突之一就是「**責罵**」。藉著指責部屬沒能做好的部分，讓對方發現自己的問題所在，於是產生一種叫做「**成長**」的化學反應。

這就是責罵的目的，倘若你懼怕責罵會導致衝突的發生，你將失去活化部屬與活絡團隊的機會，整體終會落入死氣沉沉的地步。

全球經營管理大師彼得・杜拉克曾經說過：「所謂的組織文化，並不是指同儕的相處融洽，**重要的不是感情好，而是工作的狀態好**。不是以工作上能得到的滿足，而是因工作關係的調和為基礎的人際關係，即使看似融洽，實際上卻是匱乏的，這會讓組織文化開始腐化。這也不會令人獲得成長，只會導致人的順應或退縮。」[3]

所以，你不應該再把心力思考放在「只想著要跟部屬感情融洽」，那只會弱化你身為主管時所應具備的力量，也將會是阻礙部屬成長，和阻礙團隊的成果提升的絆腳石。

務必要切記，主管和部屬所扮演的角色絕對不同，身為主管，不要害怕衝突，並且能夠好好運用衝突來讓組織活躍，這會是一切變好的開始。

Point

衝突並不可怕，因為這是組織活絡的因素。

3 彼得杜拉克（Peter Ferdinand Drucker；1909年－2005年），出生於奧地利的作家、管理顧問與大學教授，被譽為「現代管理學之父」。杜拉克專注於書寫有關管理學範疇文章，催生了管理這個學門，同時預測知識經濟時代的到來。本句出自彼得杜拉克所著《現代的經營（上）》。

11

懂得責罵，是主管必備的能力

「仔細看看『管理』這個名詞，很清楚地，是由『管』與『理』兩個字所組合而成。」

管就是「導管」的意思，是把主管交代的指示傳達給部屬；把部屬的意見或工作現況也傳達給主管。善盡「上意下達」和「下意上達」這種如同資訊導管的任務，是管理職最重要的職責。資訊之於企業就像血液之於人體，血管堵塞了，血液不再流動，那麼人必然很快就會死亡，企業也是一樣。差不多在十年前，在我教授以主管幹部為對象的研習課程時，總是這樣對大家耳提面命。

那麼在今日的ＩＴ時代又是如何呢？企業高層經營者只需透過電子郵件，以及公司內部網路，便能夠即時把自己的想法傳達給員工。例如，今年初才剛進公司新進基層人員的業務日報，只要董事長或經理想看，很容易就可以在當天看到，並不需要特地由幹部來傳達，於是主管也就失去了資訊導管的功能了。正因為如此，**管理職比起過去更需要學會「栽培能力」和「責罵能力」。**

我討厭罵人，希望能盡量避免這樣的事情。——相信這是很多人的心聲。馬克吐溫在他的名著《湯姆歷險記》寫道：「確保健康的不二法門，就是吃你不想吃的，喝你不想喝的，以及做你不想做的事情。」我想這段話很值得有心成為好主管的人深思玩味。

要成為一個好主管，你就必須做自己不想做的事，即便這會被部屬所討厭，你也必須當仁不讓。「不受部屬喜歡也沒關係」、「被部屬討厭也沒關係」，這樣的覺悟是成為好主管的第一步。

Point

要當一位好主管，必然要有做自己不想做的事的覺悟。

12

用責罵栽培部屬，是主管的義務

法語有句話說：「Noblesse Oblige」，意思是「身分高貴者應有的義務」。

對於身分地位較高的人來說，就必須有**負擔符合他身分角色責任的認知**，以及願意盡責的氣概。這也是公司幹部該有的意識。

如果沒意外的話，公司主管都會有職務津貼，而這應該算是額外的「部屬栽培費」，不責罵部屬的主管可說是尸位素餐，如此作為並不符合自己較高的職位。

曾經擔任奇異公司董事長兼執行長的傑克・威爾許有句至理名言：「在成為領導人之前，自我成長就是你的成功。但是在你當上領導人的那一刻起，**促使他人成長才是你的成功。**」[4] 捨棄自己的私心，全力栽培部屬，是主管應有的

4 本句出自《致勝：威爾許給經理人的二十個建言》，傑克・威爾許（Jack Welch）／蘇西・威爾許合著。

義務，也是成就。

過去有一句話說：「職位造就一個人」，然而這只適用在那些擔任職務後，依然刻苦忍耐繼續奮鬥的人。

在我剛坐上主管位的前幾年，也是一直逃避著不想責罵部屬，雖然這讓我不覺得有什麼苦惱，但也因而完全沒有學到東西。自從察覺到自己不該如此，決定「改變」的那時候起，我才終於嚐到身為主管的痛苦滋味，也漸漸的學會如何去責罵人。

從沒有人可以一當上主管，便有辦法按照自己的想法發揮能力，都是在諸多不順，幾經多次失敗和反省，並且辛苦地想克服這些困難的掙扎過程中，讓自己逐漸變得堅強有力。

「栽培部屬，是身為一個主管必要的職責。」

「我一定要把這個團隊變成最棒的團隊。」

「為了這個目標，我會認真責罵部屬。」

唯有這樣的使命感，才能令我們得以茁壯、堅強，以及給予我們敢於責罵的力量。

Point

只有讓部屬成功，才是領導者的成功。

第 1 章

好主管才知道的 14 個責罵技巧

學會罵人的技巧，
就能擁有責罵的勇氣。

01

即使膽怯，也要敢於責罵

美國知名演員勞勃・狄尼洛[5]在塑造角色上以非常努力，絕不妥協而聞名。他總是會先徹底地研究所要扮演的人物，極其深入體認這會是怎麼樣的一個人，然後再把自己完全投入變成那個角色。

比方在《鐵面無私》這部電影當中，他所扮演的是黑幫老大艾爾・卡彭（Alphonse Gabriel Capone），為了能傳神地演出這個角色，狄尼洛增胖十四公斤好讓自己與卡彭的體型相仿，以及每天得花上七個小時拔去頭髮來模擬卡彭微禿的髮型。除此之外，他還在卡彭曾經住過的街上生活了五個星期，甚至連內衣褲都是卡彭常穿的品牌，就是希望自己能夠演得好，從裡到外皆能真實傳達這號大人物的特色。

無論電影或是舞台劇，都需要所有演員充分理解劇本要求和自己要擔綱的

5 勞勃・狄尼洛（Robert De Niro），義大利裔，出生於美國紐約，現為知名美國電影演員和製片人。狄尼洛主演過包括《教父第二集》、《蠻牛》、《鐵面無私》等數十部全球知名電影，平生獲頒多次獎項，包括了奧斯卡最佳男主角、最佳男配角、AFI終身成就獎、金球獎終身成就獎等等。

角色，藉由各司其職的努力演出，才有辦法創作一部出色的作品。

在職場工作上也是同樣的道理。我們每一個人都站在公司這個舞台上，在名為工作的劇本故事裡，依照自己被分配到的角色好好扮演，然後得到應有的酬勞。

然而，我們在職場工作上被要求的角色，很難與在自己家裡，或者是與朋友相處時的自己一樣。即便如此，我們仍必須先確實理解「**在工作上，我的角色應該做些什麼**」，接著認真地揣摩如何演好，才是負責任的態度，才能使職場工作這齣戲獲得好評，叫好叫座。

所以，你不能有「這不適合我」或「自己能力不足」等等念頭，你也沒有權利說這樣的話，因為你已經在舞台上，無論是什麼樣的原委，都已經接受了這個角色。

既然如此，縱使自己覺得力有未逮，或者有所害怕，甚至感到膽怯，也都要拼盡全力地把角色扮演好，除此之外沒有其他更好的選擇。

「用認真且正確的方式責罵部屬，完全是為他們著想，為了他們好，即使這麼做會被討厭，我也必須義無反顧，因為這是我被要求扮演的角色，是做為一個好主管的角色。」

正是這樣的信念與認知，才讓我勇敢的學會如何責罵。如果你還無法責罵部屬，那請你一定要趕快擁有這個角色扮演的意識認知。

Point

職場和舞台一樣，必須扮演好自己的角色，而不是自我。

02

責罵不是生氣，更不是怪罪

雖然有些人會這樣認為，責罵就是在生對方的氣，但其實「責罵」和「生氣」是兩件完全不同性質的事情。

生氣，是以自我為中心，當錯誤失敗發生或是自己感到不悅時，認定都是對方責任而心生不滿，於是把自己這樣的憤怒或是憎恨情緒，用粗暴的語詞和攻擊性的言論加諸在對方身上。

反之，責罵是以對方為中心，為對方著想及幫助他成長，透過指出他做不對的地方，來讓他發現自己的缺點與不足。那是一種抱持著「**希望對方變得更好**」，「**希望對方有所長進**」的想法，是一種很真誠的情感。

其實**部屬是很敏感的**，他們會本能地察覺到你是在發脾氣的攻擊，還是善意地透過責罵來幫助他們。他們藉由感覺你的態度，分辨出「這傢伙只是要把怒氣往我身上出」或者「這個人是為了我好才斥責我」，而採取完全不同的方式來面對你的責罵行為。

順便一提，「責罵」跟「怪罪」也是不一樣的。**怪罪是在責難對方，逼問對方，只是在歸咎錯誤的承擔。**

當部屬失敗的時候，我們予以責罵的目的是什麼呢？是為了告訴他哪裡做錯了，該如何修正，以及下次該怎麼做才不會重蹈覆轍。

一個慘遭失敗的部屬，內心可能已經很受傷，做為主管的你還一味地逼問，光數落他的失敗讓事情的結果變得有多糟，這只會讓他傷得更深，根本不會有什麼成長可言，這樣的作法一點意義都沒有。

主管們要牢記，責罵的本質是讓對方察覺沒做好的部分，並且讓他反省、改進，這和「生氣」或「怪罪」是完全不同性質的行為。

Point

責罵不是因為部屬很差勁，是為了讓他變好。

03

控制情緒，才有好結果

當我瞭解了責罵的本質，確定自己所要扮演的角色之後，才終於從無法責罵部屬的困境中解脫，然而，在那個時候的我根本不知道「主管」這件工作該怎麼進行。

剛開始，我所做的就只是從頭到尾採取嚴厲的態度，只懂得用一些粗暴不堪的言詞對自己的部屬大聲怒罵。

我以為所謂的責罵，就是用言詞來懲罰他們，藉此手法帶給部屬一定程度的緊張感，好讓他們產生戒慎恐懼的心情：「只要犯錯就會被主管劈頭痛罵」，如此就會多加注意，不會再犯相同的錯誤。

然而，我想要得到的效果並沒出現。

透過嚴厲的怒罵，即使你所指責的內容是對的，被你痛罵的人也無法接

受。「雖然你講的道理很正確，我也知道自己做錯了，但你何必罵得如此凶狠呢？」這時的部屬只會覺得難過、受傷，有時候甚至會轉為忿忿不平與怨恨。

如果內心產生了「被怪罪」的感覺，部屬就會出自本能地想要**自我防衛**，於是他開始忙於找藉口搪塞，又或者用哭訴的方法回應，到了這個節骨眼，不管你說什麼，他都再也聽不進去了。可想而知，最終的結果會是他無法正視自己應該改進的地方，更遑論自我反省，要部屬改善簡直是緣木求魚，因為他唯一擔心在意的只有「**當我下次再被痛罵的時候，該怎麼辦**」。

不久之後，我面對的是更糟的狀況，我與部屬之間已經溝通無門，因為他們不再直接對我提出報告，也失去了自信心與工作的積極態度，整個團隊的氣氛也越來越差。

此外，只知破口大罵的自己，精神上的壓力不斷增加、累積，也不知道是否這個原因，當時的我每天都有頭痛的毛病。如果有人認為，大聲怒罵別人的感覺應該很爽快才對，我用自己的親身經歷可以證明：真的是大錯特錯！再者，在醫學上也早有研究顯示，發怒只會使精神壓力更加擴大。

從我過去錯誤的責罵經驗，你將清楚看見，流於情緒的痛罵部屬，對自己、部屬或團隊所帶來的只有壞處而已，你幾乎找不到任何優點。

Point

流於情緒地生氣罵人，只會帶來問題，而不是解決問題。

04

保持耐心，先搞清楚事實

我公司曾經發生過這樣的狀況。

有個員工一年到頭總是會遲到個幾次，某一天，他又來不及出席例行性的早會了。

當時我心裡這麼盤算：「這傢伙又遲到了，等他到了公司看我怎麼好好地給他一頓排頭吃！」

「你到底在搞什麼鬼啊，一天到晚老是遲到，我真不知道你是怎麼回事！」他前腳才剛剛踏進辦公室，我立即不假思索地對他大聲怒罵。

「對不起，我來晚了，真的很抱歉，實在是因為路上發生了重大事故，電車延誤了好一大段時間。」他面露委屈地說著。

「這下子糟了，似乎我顯得過於急躁與不分青紅皂白。」我心裡暗忖。但話已經脫口，想收回也來不及了。

「就算是這樣，你也該先發個訊息通知公司，不是會比較妥當嗎？」我的語調馬上柔和了不少，並且立刻轉換責罵的切入點做為對他的警告與提醒。然而我心裡還是覺得自己有些糗，也對他感到有些歉意。

在你責罵部屬之前，有一件重要的事情非先做到不可，那就是「釐清事情的真相」！

因為當你不明究理地誤會，或者沒查明事情的真實狀況就過早下結論斷語，被斥責的人通常很難接受，於是**主管與部屬原本的信賴關係就會因此出現裂痕**。

如果不以事實為根據，那麼這樣的責罵根本沒有意義，甚至只會出現反效果，因此最重要的就是要先聽聽對方的說明解釋。

「請告訴我，究竟這是怎麼回事」，「到底是什麼原因讓事情變得這樣」，你必須要先聽對方怎麼說，如此好確認狀況原因，甚至是有什麼不得已的苦衷。

在這個時候，如何**保持耐性**地讓部屬有機會把整個原委都說清楚，是很最重要的事。要是他話才剛說到一半，你就破口大罵：「別在這裡胡說八道講一堆藉口」，除了讓對方受傷之外，完全沒有其他任何作用。「跟你這樣的傢伙講再多也只是白費工夫，完全沒用」，如果你這麼說的話，那麼我想你一定可以達成心願——得到一個心灰意冷，完全失去工作幹勁的部屬。

先耐住性子，安靜地傾聽，讓部屬把話說明白，然後你再以客觀的角度，掌握正確的事實，在這之後才開始責罵對方也不遲。

Point

耐性傾聽部屬解釋，才不會出現反效果。

05

責罵的最佳時機是？犯錯的當下

你一定聽過「打鐵趁熱」這句諺語，顧名思義是說，「倘若你想運用鋼鐵鍛造成各種不同形狀的工具，那麼就得趁著鐵被加熱軟化之際趕緊敲打塑造」。其衍伸的意思就是告訴我們：「要把事情做好，就得掌握最佳時機去實踐，否則等事過境遷之後，是很難順利成功的。」

這句話實在非常適合套用在責罵這件事情上。

那什麼是責罵的最佳時機呢？就是「**當場、即時**」。

趁著失誤剛發生不久，部屬的記憶還很鮮明的時候，主管的斥責會讓部屬感受特別深刻，也就不容易忘記主管對他的要求。況且，只要是伴隨著情感，**人們對那個行動的記憶就會被更加強化**，被稱讚或是責罵，都會牢牢記得。

正如同我在前面所言，責罵是為了修正部屬的行為，是為了讓他可以成長，變得更好。因此，如何加深記憶、印象，讓要求可以烙印在他的腦海之中，無時無刻地念茲在茲，才能夠長時間**化為圭臬地引導他往對的方向前進**，才能達到責罵的核心要義：「為了部屬好與成長」。

「這麼看來，你以前也一定犯過像這樣的錯誤囉。」

「我老早就很想說你了，你就是有這種壞毛病。」

有些主管不懂得責罵的好時機，不當場及時給予部屬責罵，總是要等到事過境遷才開始秋後算帳罵人，結果完全**模糊責罵的焦點**，況且也因為他所指責的事情時間久遠，所產生的**效果也大打折扣**。

像這樣大翻舊帳，很難專注於部屬當下應該改進的事項，如此作法又怎麼能讓部屬明白自己的錯誤，又怎麼能督促他改過遷善呢？

「原來長久以來，主管都是這樣看我！」被翻舊帳後，部屬非常可能產生這樣不滿的情緒：「為什麼都要拿那麼久的事情出來罵人呢？」其結果是讓他整個思緒都集中在你老愛翻舊帳，你只是對他有刻板壞印象，而不是要他真的改正過失，這變成了他當下的實際感受。

為了不讓部屬腦海中浮現過多雜念，能夠專心一致在改正自己當下的錯誤，你應該把部屬過去的過錯都給忘記，當場並**即時地對於當下的過錯給予責罵**，這是非常重要的事。

Point

責罵不即時，就愛翻舊帳，只會模糊改善的焦點。

06

責罵時間，不超過三分鐘

你責罵部屬之際，千萬不要像老太婆的裹腳布那樣地又臭又長，罵人時最好學著像鹹蛋超人一樣，謹記著要以三分鐘為限。[6]

我們都知道，想要長時間專注在某一件事上是很不容易的，隨著你罵人的時間越長，事情的焦點也就會變得越模糊，到了末了部屬的腦筋是一片混沌，根本搞不懂自己到底錯在哪裡。再說，本來就沒有人喜歡挨罵，因此被罵的時間越拉越長時，部屬的心門也必然逐漸地關上，很難再聽你說些什麼了。

「我耗費那麼長的時間，充滿熱忱地責罵他，相信他一定會懂的。」如果你這麼想，那只不過是個自我感覺良好的主管而已。

我想你現在應該很清楚責罵的目的，就是要讓對方「發現自己目前的狀況，**和應有態度與作為之間的落差**」，所以你應當做到的是，只要讓他發現就

6 鹹蛋超人，日本知名科幻影集《超人力霸王系列》之中文俗譯，在日本擁有高知名和地位，由日本「特攝之神」圓谷英二一手創辦的「圓谷製作」所拍攝。超人力霸王只可留在地球三分鐘，身上的警示器便會響起來，代表能量將快用完。

好了，而不是長時間的用力疲勞轟炸，或者漫無止境的叨叨念念。

有的主管會講究要部屬反省，要他表現出悔意與道歉，甚至有的還會搞得讓人痛哭流涕等等，這些都不是責罵的真正用意。

「要如何表達，好讓對方**願意接受**，以及如何讓他**自己明白與採取改善行動**」這才是責罵時的關鍵重點，你根本不需要太長的時間就能做到。

話說回來，長時間的責罵部屬會讓**主管自己的情緒亢奮**，就容易東扯西扯，盡說一些和這次要罵的事項完全不相干的事。比方說，有些主管在對部屬說教指責時，總愛提起自己過去的當年勇，拿來和部屬比較，如此一來就會漸漸失焦，你原本想要求部屬的事情，也就變得不清不楚了。

大部分受到指責的部屬，在剛開始被罵時都感到十分緊張，會專注地聽主管的責罵。然而隨著責備的時間越拖越長，緊張與專注感將隨之淡薄，接著開始分神想著其他無關的事情，說不定還會在內心埋怨著：「我的老天，罵夠了沒？能不能快點結束啊？」。

因為責罵的時間過長，主管無法聚焦在真正的要點，部屬也難以專注在自己要改進的過失，同樣的錯誤過失再三反覆發生，簡直就像是惡性循環一般，你費心費力的叨念，只是白白浪費時間和力氣而已。

所以，當你準備要責罵部屬之時，千萬要記得務必採取**簡單明快的手法**來解決，長時間的叨唸，只會讓反彈的心態大於反省與改進。

Point

聚焦責罵的主題，並且在三分鐘之內結束。

07 一次要求一項，這是責罵的原則

我的高爾夫球技術，坦白說非常拙劣，有一天我下定決心，要努力學習如何提升自己的球技。

在我常去的高爾夫球揮竿練習場有兩位專業教練，他們是我經常請教的老師。其中有位是看起來很活潑開朗的年輕人，另一位則是臉上經常面無表情的中年男子。

「擊球的準備動作要這樣，手抬起時切記不要過快、要放更慢一點，揮竿擊球的瞬間，要運用下半身的力量去帶動，頭不可抬起來……」年輕教練會用實際的示範動作，很仔細的教我。

另一位撲克臉的中年教練則不一樣，他每次都只教我一個動作。「今天只要記住這個練習就可以了。」在一天的課程中，他只要求我重覆做一件事情。

跟著年輕教練，我的學習過程總是比較開心，他非常誠懇而且仔細地教我，讓我在短短時間裡就知道自己有很多課題要去學習調整，然而在那練習場裡比較受歡迎的卻是撲克臉的中年教練。

一開始，我對於這個奇怪的現象感到不解，然而在我上了幾次課之後，就明白了為什麼學員反而喜歡撲克臉的教練。

年輕的老師的教導方式，是一次教授學生很多課題，結果就是當學生揮桿的時候，就會掛念著「這裡要注意，那個也要留神……接下來是……」，於是**內心顧慮的事情太多，而無法集中精神，進步也相當有限**。到了最後，還是跟那位表情冷淡，一次只認真教一件事情的中年教練學習，才會有所進步，這也是他受到歡迎的原因。

這個道理可說跟責罵的技巧概念如出一轍。

藉由責罵，主管讓部屬發現自己做不好的部分，但如果我們呵責與要求的有兩個、三個甚至更多的話，只會讓部屬覺得很混亂，根本不知道該從何處下手改進才好。況且，**當一次被指責很多待改善的缺點，對方的心情感受肯定很糟，反而失去了改善的積極動力。**

責罵，是一種向對方提出積極改善的建議，並且要求他劍及履及地及時做到；提案越多，焦點也就會越加模糊，並且也會因此變得複雜與難以實踐。

Point

過於貪心的要求，反而使得部屬完全搞砸。

08

搞清楚什麼該罵，什麼該讚美

身為公司主管的職責是什麼呢？評量考核部屬的能力是基本，但更重要的是關心與幫助他們成長，並培育部屬。

我想，一位堪稱負責的主管絕對會持續地關注自己的部屬，只不過，關心的原則用對了嗎？你必須要以「**比較過去和現在，查察進步**」來看部屬。唯有透過比較去年和今年不同，你才能夠發現部屬的成長，即便他改善的只有一點點，那也是成長與努力。讓我們用考試來做個比方，相信大家就很容易理解了。

假設在及格分數為八十分的考試，有個學生只拿到二十分，然而在半年過後，他進步到了四十分，如果只單看這分數的話，顯然他還是不及格。不過，他已經比半年前多拿了一倍的分數。

如果只著眼於他這次的成績，或者是只拿這個成績來和其他人相比較，根本不會發現他進步了多少，要不責罵他實在很難，這是人之常情。

就因為跟人相對比較覺得做不好，你的一味斥責也將讓這個成長一倍、理應得到讚揚的部屬失去了信心，也失去未來追求成長的鬥志。再說，無論是顧客滿意度或是政黨支持率等等，許多調查或評估報告的重要論點，都會放在和過去做比較，用時間序列去比較，藉此觀察未來的傾向，來推測可能的動態。

「**和過去比較，觀察部屬的變化**」，只有這麼做，主管才得以發現部屬可貴的成長，才會給予「你很努力哦」的正面評價。反之，倘若你沒能掌握住部屬的變化與成長，最後只會用責罵來取代應有的讚美，其結果只會讓部屬工作態度越來越畏縮、消極。

主管的重要工作之一，就是提高部屬的積極態度，要做到這點，就不能只看結果，還要觀察對方的變化、進步，以及適度與適時的讚美，和他共享成長的喜悅，這是在培育部屬的過程中最重要的一件事。

Point

細心觀察部屬的進步，即使微小也不吝地給予讚美

09

講清楚「該做到什麼程度」

當你在責罵部屬時，必須清楚掌握兩件事，一是「應該這樣才對」的理想狀態，另外一個就是部屬目前的實際錯誤的現況。你必須讓對方清楚了解這兩者之間的差異程度。

舉出一個我自己的失敗案例來說明。在我的公司裡，有個職員始終無法將自己的辦公桌收拾整齊，雜亂無章的程度讓人覺得這家公司的管理似乎很散漫，這也讓他屢屢遭受我的斥責。

「你都不覺得自己的桌子很亂嗎？現在馬上就給我整理乾淨。」

經我指責後，他會很識相地當天馬上就把桌子給清乾淨，不過賞味有效期真的很短，差不多幾個星期過後，又會故態復萌地回到過去的雜亂不堪。無論我怎麼一再嚴厲斥責，都無法完全治好他這個毛病，這也讓我感到頭痛不已。

如此反反覆覆的經過好幾年之後，我才終於發現到自己什麼地方做錯了。

責罵的作用在於，**基於實際現狀和應有理想狀態相較有所落差**，於是透過對於部屬的要求與呵責，填補這之中的落差度。

然而，我卻只是使勁用力地罵他，要求他做到「桌面收拾整理好」，**卻沒有把明確地告訴他最重要的「應有的理想狀態」**，畢竟每個人對於所謂的收拾整理好的「應有的狀態」很難有一致的標準。

我察覺到這一點後，便定下收拾整理的標準規範：「下班回家之前，外出洽公離開時，桌面上的東西必須完全收拾乾淨。只有電腦跟桌曆可以留在桌上，任何文具用品和文件等物品一律不准出現在桌面。」

透過這個規範，我讓大家很清楚地知道所謂的「應有的狀態」是什麼，如此**每個人都知道該怎麼做，要做到什麼程度**，我也很容易發現有誰沒有做到並予以當場指責。

定下明確標準後，效果立竿見影，馬上顯現出來。花上我多年時間都沒辦法收拾整理好的問題，當我用對了正確的責罵技術，僅僅兩個星期就讓我得到完全改善的滿意結果。

當你沒讓部屬了解他們該做到的應有狀態是什麼，也欠缺清楚明白的準則時，這樣的責罵是不對的，因此也就很難收到實際的效果。

反之，在他們清楚你所訂定的標準時，就會知道該怎麼遵守，而你也就可以觀察他們的作為和應有狀態做出比較，確認他們哪些有做好，哪些沒做好，再給予要求、指導。

所以，重點是要讓部屬具體理解應有狀態與目標，少了這點，即便再怎麼嚴厲斥責，至多也是一時的改善，到頭來還是積習難改。

Point

訂定標準，讓部屬理解應有狀態與現狀的落差，才能真正改善。

10

重點不是道歉，而是改進的行動

擔任過主管職的人，一定經常有這樣的經驗，當部屬做不好，遭你責罵時，對方多會為自己的問題表現出愧疚，並且直接道歉。

過去我曾有很長一段時間，誤以為當自己針對問題對部屬加以指責，該罵的都罵了，該說的也沒漏掉什麼，只要對方很誠心地道歉，就已經功德圓滿，算是可以了。

希望你別像我這樣犯下同樣的錯誤觀念，部屬是否道歉，其實和你責罵的目的完全無關！

以下是某一天我跟部屬的對話，當時我明白地指示他，今天一大早記得要打電話給客戶A公司的B先生，但是他完全忘了，把這件重要的事擱著沒做。

「你已經打給A公司的B先生了嗎？」

「唉啊，糟糕，真的對不起，我忘記打了。」部屬面懷歉疚地回答。

「什麼？你忘了？到底在搞什麼鬼？你能不能多放點心思在工作上！」我語帶怒氣。

「真的很抱歉。」部屬仍然低著頭。

「以後要注意，別再犯了，知道嗎？」

「是！我知道了。」

一般人在做錯了事之後，多會感到很有罪惡感，此時受到主管的嚴厲指責，自己內心會認定這就是犯錯要付出代價，是對自己的一種懲罰，只能接受並且道歉。

接下來呢？道了歉的部屬心裡會這麼想：「我已經受到這樣的對待（被罵），況且也道過歉，算是已經彌補罪過了」。於是，**部屬因此感到放心，這件事似乎就此結案了**；他失去了積極改進向上的動力，更遑論能有所成長。

「他都已經道歉了，應該要原諒他。」，「都說會自我反省了，有必要窮追猛打嗎？還是算了吧。」如果你是這般貼心與自以為善良的主管，那麼我可以斷言，你的部屬是不可能成長的。

部屬道歉或是反省，只會帶給他自我原諒的心態，其結果是忘記了要自我改善，而這可不是責罵的用意與目的。

Point

部屬道歉與否並非責罵的目的，重點在於知錯與改善。

11

找出癥結點，然後去除它

正如前面所提及，責罵無非是要幫助部屬，而不是求得他的道歉。你的重點應該放在讓部屬能夠回顧自己的作為，發現問題的癥結在哪裡，然後可以很快地進行改進，如此避免下次再犯同樣的錯誤。

所以，當你責罵部屬之時，**一開始就要把「要他道歉」跟「讓他發現問題點，並採取改善行動」這兩件事情分開來想**。

除此之外，你還得思考和確認兩個重點，其一是「為什麼這次的結果會是這樣？」，以及「該如何改變工作方式才能夠防止再次發生？」

就以剛剛所提的案例來說明，你不能夠只責罵「忘記打電話給客戶」這個失誤，部屬之所以遺漏了主管指示交辦的任務，其實也顯露出他日常工作的規畫安排，必然潛藏著疏忽或者是發生疏漏的因素，如果不加以去除，這種錯誤再度發生的危險性依然很高。指導他消滅原因，是你責罵作為中很重要的一環。

首先，你要檢核部屬整個工作習慣與流程安排。

「我交派工作的時候，你有沒有記錄在MEMO紙上，避免忘記呢？」

「你之後是如何確認那些記錄的？」

「你怎麼提醒自己來避免忘記？」

如果是沒有利用MEMO紙把該作事項寫下來，主管不能只是當場指責，而是要定期查驗該部屬在每一天的工作當中，是否有把要事寫在MEMO紙上，如果沒做到這點，就必須當場指正，幫助他養成並固定這個習慣。

經由這樣的作法，你能協助部屬發現，在日常工作中可以採取什麼行動來杜絕同樣的錯誤再度發生，並且養成好的工作習性讓流程更為完備。

「想要改變工作的結果，就得要改變工作的過程。」這是全球知名的物理學家愛因斯坦所說的至理名言。

責罵部屬時，只著眼於錯誤結果，卻忽略掉問題產生的背後原因或過程，都無法真正得到有效的改善。**關注原因所在與設法去除，才得以防止問題的再度發生**，才能讓部屬得到成長。

Point

不要只看結果，更要關切與去除造成的原因。

12

教導分辨「有做」和「做得好」的差別

我很希望自己的公司能夠做到以下這點——以愉悅的心情迎接與歡送任何一個走進辦公室的人。無論是公司客戶、公司同僚，甚至是快遞員，大家都能很有朝氣地打招呼跟他們說：「早安！你好。」，或者：「辛苦了！加油。」

我的這個願景理想，目前在一百家企業裡頭，沒有任何一家可以完美做到，我對於成就這件事充滿了期待，經常不時地幻想屆時的模樣。

有連續好幾年的時間，我在每天早上舉行的晨會或其他會議上，都不厭其煩地要求所有人：「要好好地打招呼！」，可惜結果都事與願違，甚難有好的成效。

我也曾經為此特別地聘請公司外的專業講師來上課，教授有關如何打招呼與增進彼此互動的研修課程，然而到了第二天，辦公室依然沒有任何變化，還是像過去一般的靜默缺乏熱忱。

「為什麼都沒有人改變呢？」我一直對這現象感到苦惱。經過許多年之後，我才終於找到答案——要教導他們做好怎麼打招呼，就**必須先解開部屬以為「我覺得自己已經做到了」的誤解，才有改變的可能。**

公司上上下下並沒有誰是完全不打招呼的，只是要不就聲量太小、音調過低，又或者僅微微頷首而已，斯人也，斯疾也，每個人都有各自不同的毛病，並且他們都沒意識到自己做得不夠好。

也因為如此，當在我在會議上訓斥，又或者講師上研習課程的時候，只要提起這件事，所有人都認為：「喔，他講的是別人，我都有做好。」正是這個原因，才使得我所盼望的理想一直無法達成地原地踏步。

「有做」跟「做得好」根本是兩碼子的事，然而部屬卻沒有認清這一點，誤把自己「有做」當成是已經「做好了」。當我理解這個道理後，一切處理起來就簡單多了。

於是，我開始擬訂出音量大小、語調標準、時機點和點頭方式等等打招呼應有的基準，然後在公司內部通告大家。接著，我不再只是要求他們「要打招呼」，而是開始個別地指導他們「和訂定的標準比較，哪個部分有做好，哪個部分需要怎麼修改」。

沒錯，我立刻感受到成效顯著，精神翼翼與充滿熱誠的招呼聲，不多久就響遍整間辦公室每個角落了。

Point

「有做」跟「做得好」，是不一樣的。

13

一對一的方式責罵，效果最驚人

我原本一直以為，對全體人員訓斥，沒能做好的人就會有所自覺：「這是在講我啊」，然後他會開始反省與改善。

就拿適才我所提到關於改善打招呼狀況的過程中，我都是在早會或會議中對所有的部屬嚴加訓斥，要求他們打招呼方式必須做得更好些。正如同我所言，幾年下來根本就是狗吠火車般，一點效果都沒有。

也因為這件事，讓我學習到很多，也明白了一些道理。

原來，**沒有任何部屬會自覺做得不好**，所以當你**用集體訓斥告誡的方式來要求改進時，結果只會是徒勞無功**，根本產生不了任何效果。你必須認真仔細地觀察每一位部屬，找出他的問題點，透過一對一的方式責罵以及給予具體的指導，這才有辦法扭轉錯誤或不足，才能真正改變整個工作團隊。

一般說來，人們習於自我感覺良好又或者當局者迷，總是會高估自己的能力，覺得自己其實表現得挺不錯，然而從主管眼中或旁人看來，和實際狀況是有落差的。所以，再怎麼怠惰的部屬，也不會認為自己是在「偷懶」；再怎麼容易出錯的人，也不自認「比別人差」，他們都會輕易找到藉口來自我安慰，於是大家都會覺得自己很拼命、很認真、很有能力。

這也是為什麼，當你面對全體人員而不特別點名訓斥時，他們都只會有同一個想法：「我好得很，你數落的肯定是別人」。

若以為專程找個講師，開場研習課程就會有所幫助，那你就大錯特錯了。課程研習是一種知識的授予，能改變的只有人們的意識。然而**你要改變的是部屬的行動**，這絕對不是講師或其他人的力量可以做到，而必須依靠主管與部屬的共同努力，這是直屬主管的職責，也是使命。

直接一對一地個別指導部屬，針對他做不好的地方加以斥責，讓他能夠具體的發現，除了這個之外再也沒有其他更好的方法了。

主管一定要實行個別指導，逐一地改善每個部屬。當他們一個接一個地受你影響後，很快地整體工作團隊也都會產生變化，那是一種令人感動萬分的變化，是任何主管都渴望品嚐的滋味。

Point

沒有部屬會自覺不好，集體訓斥只是徒勞無功。

14

列出沒做好的理由，具體給建議

這是我公司某個月初的會議上發生的狀況，當日會議的討論主題，是關於預計在上個月底就該完成的顧客滿意度調查工作進度報告。

「真的很抱歉，意見調查還沒有完成。」負責此案的部屬，忐忑不安地回答我。

「還沒有完成？你到底在幹什麼？這樣不就麻煩大了！」我連珠炮似地質問他。

「真的很對不起，對不起……」部屬的道歉聲不止。

「下次要注意！」我說。

身為主管，經常需要確認團隊的工作執行進度，要是遇上部屬的進度落後無法符合要求，這個時候你的責罵方式將會左右部屬的成長。

如果你像以前的我那樣，都只是在表面上加以訓斥責罵，接著對方道歉就結束了，這種做法無論你重複幾千幾百遍，都沒辦法培育部屬，讓他有所增長。你的**輕易縱容與原諒，只會減弱部屬訂立計劃，然後拼了命去完成的積極意願。**

責罵部屬的用意，是為了幫助他成長，千萬不要忘記這一點。**主管的管理工作不應該僅是「做好了」和「沒有做好」的這種非黑即白的二擇一。**因為單看結果的表面來斥責，部屬不可能發現自己的問題點，又豈能著手改善呢？如果部屬的工作方式無法改善，那麼無論責罵幾次，他都不會變成一個確實遵守期限的人。

「你都是怎麼訂計劃來規範自己的工作進度呢？」

「完成多少百分比了？沒做好的部分還需要多久？」

「是否遇上了什麼阻礙讓你工作卡住了？」

主管必須像這樣和部屬確認，**把沒做好的理由給弄清楚，並且給予具體的**

指導，當他再次遇上類似問題時，就可以順利解決，這一點相當重要，也才是完整與正確的責罵方法。

Point

不要只針對結果責罵，要同時找出問題癥結與如何做好的方法。

第2章

被罵部屬的心情，主管一定要能懂

找藉口的部屬、會反抗的部屬、逃避的部屬，該怎麼責罵？

01

「信賴、評價、距離」責罵的三前提

「我知道身為一個好主管就該對部屬有所要求，也鼓起了勇氣加以斥責部屬，可是他根本無視我的責罵，不當作一回事。」

「就算我開口罵了人，他們也是當耳邊風，有時還會反抗頂嘴。」

我聽過一些主管有這樣的感歎，但坦白說，這是因為他們缺少了和部屬建構出足以讓責罵發揮效果的人際關係。

想要讓責罵的效果開花結果，達成最終的目的，必需先要有三個條件前提。這三個條件就像是「責罵的土壤」，在一個土壤不夠深厚扎實的地方，又怎麼能夠開出美麗的花朵呢？所以在這樣的狀態下，當然會發生無論你再怎麼罵，部屬也無動於衷的下場，更不用提如何讓他得到改善了。

責罵的首要條件前提，就是「信任」。

假如你沒能跟部屬建立穩固確實的信賴關係，他怎麼會相信你嚴厲口吻的指責其實是為了他好，又怎麼可能會聽從你的責罵而改變自己呢？

「這個主管值得信任」，「這個主管意志堅定」，讓大家都對你有正面的評價，是責罵人的基本條件。

第二個條件，前提是部屬對你能力的「評價」。

即便你坐上了主管的位置，要是部屬對你的能力不認同，那麼你的指責要求也不會獲得採信。

「照這個人的說法去做肯定沒問題！」想要部屬聽從你的指示辦事，你就得讓自己擁有這樣的實力，至少部屬對你的評價是正面的，你的指責才有發揮影響力的空間，才足以說服對方照著你的方法來做。當然，無論哪一種主管都做不到十八般武藝樣樣皆通，但至少也要在某個領域「高人一等」，才能得到部屬對你的信服。

第三個條件前提，是和部屬關係的「距離」。

想要無罣礙地責罵部屬，就不能跟他們太過要好，必須維持一定的距離。需知親近與緊張感往往是成反比關係，倘若主管和部屬們的關係過好時，免不了就會影響到主管在責罵要求上放不開，部屬也因為和主管的好交情而顯得不怎麼在意失去緊張感，這會讓責罵的功效大打折扣。

唯有同時兼具了**信賴**、**評價**、**距離**這三種前提要素的沃土，才能滋養出好的責罵作為，以及產生我們所期待的效用。

Point

獲得信任、能力評價、保持距離，才能讓責罵發揮效用。

02

被罵的人怎麼想，好主管要能體諒

在學生時代當父母叨念罵你「快去讀書啦」的時候，你的心態會是「真是煩死人了！」，還是「偷懶真的不對，我應該聽話去讀書」呢？我想，絕大部分的人都是前者吧！

所有人都明白「業精於勤，荒於嬉」這個道理，只不過，當人們受到指責、被碎碎念的時候，當下總是很難欣然接受，**生氣反彈是常有的心態**。

主管和部屬之間也同樣如此，遭到主管的劈頭責罵，絕大多數人在一下子間都難以接受，鮮少有人會很老實地認為自己真的做錯了，然而過去當別人部屬時很明白這點的人，在當上主管後總會不小心地疏忽掉，忘記了人們**即便嘴上說著「非常抱歉」，卻很少人會真心地認錯反省**。

指責部屬做得不好，並且要他心悅誠服地自認「我真的做錯了」，並不簡單。況且當對方感覺自尊心被傷害時，內心反覆所想的只會是如何幫自己找到藉口脫罪。再嚴重些的，還會生氣地覺得「為什麼只有我被罵」，而起了反抗心。

著名的人際關係學大師戴爾・卡內基曾經說過：「只知怪罪對方是沒有用的，況且任何傻瓜都做得到。你必須努力去理解對方，聰明的人應該都會這麼做。」[7]

要做到成為一個善於責罵的主管，你不能只會針對做得不好的地方一味地怪罪，而不去了解受責人真正的內心想法，這不僅無法產生功效，還可能衍生部屬情緒性反彈的壞結果。

責罵的用意是為了讓對方改善進步，要想得到這個效果，就必須先讓對方接受指責，希望讓對方接受，你就得理解受到責難的人內心的想法。

Point

用心去理解受責部屬的想法，才能避免反彈。

7 戴爾・卡內基（Dale Carnegie，1888年－1955年），美國著名人際關係學大師，是西方現代人際關係教育的奠基人。本句出自《卡內基溝通與人際關係》（How to Win Friends and Influence People），七十年來始終被西方世界視為社交技巧的聖經之一。

03

沒人願意被罵得莫名其妙

有時候，被罵的部屬之所以反彈，是因為他萬萬沒料到自己會因為一些小事情受到責罵。

舉個例來說，依照公司出勤的規定，員工上班時間是早上九點鐘，有個職員預計自己最快也得九點十分以後才到得了公司。

「唉，今天我遲到了，待會大概免不了會被主管罵」，這很可能是該位職員事前已經有的覺悟，因此當他受到呵責時也就會很乾脆的接受。

然而，就在他踏進公司和大家打招呼道早安時，冷不防地遭到主管責罵數落：「你剛剛打那個招呼是怎麼回事？」，面對這樣的狀況，他一定感到錯愕與受到打擊。

在始料未及的狀態下，莫名其妙地受到責罵，無論是誰都會難以接受，若多次遭遇這種狀況，肯定會有一種「就因為你討厭，所以我才會被罵」，而倍受委屈與被欺負的感覺。也有些部屬會因此對主管有所惡評，認為「今天心情欠佳，就把氣出在我頭上」、「他只不過想找人出氣，而我比較倒楣成了祭品」等等。在這個時候，無論你責罵要求他什麼，都無法得到任何的正面回饋。

為求避免發生這樣的事情，不要給予意料之外的責罵，事前就讓部屬預期到自己會被責罵，這是責罵管理很重要的概念之一。

在實際作為上，主管平常就應該要做到以下三個任務：

第一個任務，**清楚傳達自己的價值觀和思考模式**，讓所有部屬都能明白。「希望大家都可以做到，我會非常的期待喔。」把你所希望的目標滲透到和部屬的平時溝通中，他們就能清楚理解在什麼狀況下會被罵。

第二個任務，**明白宣示你的責罵基準**。「誰膽敢破壞這個規則，你就等著被我痛罵吧！」如果把你的規矩清楚地宣示給同仁知道，將來因此事受你痛罵的人也就不會誤會自己是「被人討厭，才受責備」，也會心悅誠服的接受你的責難了。

第三個任務，**對所有同事清楚說明你責罵的用意**。「責罵並不代表我認為你完全不行，而是為了明白提醒你注意一定要改善的地方，滿心期待你們能夠成長，於是我才會加以責罵。」事先讓他們清楚明白這一點，他們面對責罵的態度也就會完全不一樣。

完成這三件任務，就不會讓你的責罵變得「出乎意料，莫名其妙」，部屬也就較能夠接受了。

Point

沒人願意被罵得莫名其妙，訂出規矩讓部屬明白，他們就會接受。

04

防衛心很重的部屬，該怎麼責備？

遭到主管痛罵，猶能言聽計從接受主管指責的老實派部屬是少數，較常見的是採取某些行動來自我防衛的「計謀派部屬」，他們在職場上占的比率是較多的。

計謀派部屬採取的行動，大致上可分為三大分類：

第一大類是**將過失合理化**。他們會找一大堆藉口，比方說，「我的事情實在太多太忙了，所以才會忙中有錯」，「現在市場大環境很惡劣，並非我不努力啊」等等，找一些藉口把自己責任轉嫁出去，想方設法根本不想承認自己的錯誤。

第二大類是**用攻擊取代防守**。「惱羞成怒」是這一類型部屬的特徵，他們受不了主管的責罵，也不擅長於推卸，於是就用發怒或和主管對著幹的態度來應付責罵。

第三大類就是**運用苦情計或者逃避**。這類的部屬，既推不掉自己的過錯，也沒膽子和主管對抗，於是他們會開始哭泣博取主管的同情，又或者藉故逃離現場避免受到責罵。

這些會採取防衛行動的部屬，有很多都是基於被責罵的經驗很少，又或者過去被責罵時曾經嘗試過防衛行動，並且成功躲避主管責難的人。

我不知道你過去如何應付防衛派的部屬，但今後絕對不可以再容許這種行為發生，因為**一旦採取了防衛行動，主管的責罵只會被當成耳邊風，部屬也失去將受責轉化為成長的契機**，這對他們而言是很可惜的。

無論主管再怎麼罵，再怎麼要求也完全不會成長，沒有什麼比這個更不幸的結果了。

壞處還不止這些，沒有上司會容忍採取防衛行動的部屬，當下或許這位主管沒發作，但下一個當他頂頭主管的人，也或許會因為難以忍受，而把他調走，甚至是剝奪他的晉升機會。況且，**遭到責罵、卻不能老實地把主管建言聽進去的人，在團隊中也很可能被孤立。到了最後，變成了一個無法成長、被主管厭惡並在團隊中被孤立的傢伙**。被主管責罵時，採取防衛行動不但沒有半點好處，壞處卻多到數不清。

做為主管的你，一定要設法矯正部屬這個嚴重問題。

Point

採取防衛行動只有壞處沒任何優點，一定要告知與導正。

05

反抗心強的部屬，更要嚴斥

責罵部屬時，一但遇上有人根本把你當作空氣般的視而不見，或油嘴滑舌地語帶輕蔑，甚至態度惡劣的頂嘴，你應該怎麼辦才好呢？

當發生這種狀況，而且是在其他的同事面前時，你一定要顯現出**強硬的態度**，絕對不可以有絲毫軟弱鬆動地接受這樣的行為。

「你這是什麼態度！」你可以這樣地喝斥對方，接著跟他說：「你跟我過來」，把他**帶到會議室或自己的辦公室裡，對他私下嚴加斥責。**

相反地，假如你縱容部屬在其他人面前出言不遜地忤逆你，或者根本無視你的責罵，你就再也無法好好地統領整個團隊了。

「主管竟然允許那樣的態度」、「就算被他責罵，只要當成耳邊風不予理會就好了，反正他也不敢怎麼樣」。當組織內形成這樣的風氣之時，主管已經無法再有施展的空間，也會被大家所瞧不起，更嚴重些的話，對方忤逆主管的過程，**說不定還會被當成英勇事蹟似的到處受到頌揚**，於是整體團隊工作會面臨嚴重的挑戰，這樣的弊害是無以復加的。

如果部屬藉著在眾人面前反抗主管，就可以讓自己逃避責罵，一旦成功之後，下次他必然食髓知味地故技重施，到頭來，主管對他的指責將都罔然無效，他的錯誤與不足也就沒有改善的機會了。再者，因為**其他同事也會有樣學樣**，如此一來，你的責罵作為非但無效，還會造成極大的負作用。

所以，千萬不要因為部屬的對抗就讓責罵成了半吊子，你要勇敢地貫徹到最後，畢竟你的起心動念是為了部屬好，是為了幫助他了解自己的不足與問題點。「要是膽敢惱羞成怒，只會被罵得更嚴厲、更淒慘」——這是你要灌輸與告誡部屬的觀念。

即使是會對你的責罵出言反抗的部屬，你也應該**要認同他，給他積極的評價並聽他說話。**

一般說來，會反抗主管的部屬其實是渴望別人對他的評價，很多時候的作為都是基於「想要突顯自己的存在」、「希望得到他人認可」的想法。因此，在你斥責過這樣的行為舉止之後，也該利用別的機會問他：「你應該可以做得更好，為什麼要用那樣的態度呢？」，好好傾聽他的說法與心聲。

Point

「責罵」要貫徹到底，不可因為遭到部屬反抗就退縮。

06

用「你」當主詞，誤解就此產生

責罵的用意絕不是要否定對方，而只是認為他的工作方式和結果應該可以更好，透過責罵的棒喝來警醒部屬錯誤之處，幫助他很快地修正、改進，培養他在未來成為一個出色的職場工作者。

所以責罵不是要懲罰對方，更不會是要對部屬造成傷害，「**厭惡錯誤，而不是憎恨部屬**」是責罵最重要的核心概念。

那麼，該如何責罵，才能讓部屬不會誤以為你是在否定他這個人呢？

其實非常簡單，只要你能在責罵的用語中，避免使用「你」做為指稱主詞。比方，「『你』怎麼會犯下這種錯誤呢！」這樣的責罵法給人的感覺重點是在「你」，而讓對方有種對人不對事的感受。但如果把主詞去除掉，改成說「怎麼會發生這種錯誤呢？」就顯得責問是針對「問題」，而非個人，被罵的對方就會覺得比較客觀，也就會把焦點放在錯誤上頭。

「『你』又遲到了嗎」，「『你』是做了什麼，怎麼惹惱了客戶呢」，像這樣說法的會是——

以「你」為主詞＝否定對方＝是「憎恨部屬」的責罵方法

若我們換個口氣來說，把上面所舉的錯誤改成「遲到的原因是什麼」，「這件客訴為什麼會發生」，很明顯地責罵的概念就得到轉化——

將「你」改為「錯誤」＝否定失敗＝「厭惡錯誤」的責罵方法

從上面的比較，你應該可以很清楚地看出，兩者的責罵用詞雖然只有些微的不同，只是把「你」去除掉，然而部屬的感受卻會有巨大的差別，「差之毫米，失之千里」這話說得一點都沒有錯。時時注意這一點，當你要開口責罵時，一定要避免使用「你」做為主詞，否則**責罵的原本好意，都會因為一個「你」字，到頭來卻功虧一簣。**

Point

厭惡的是錯誤，而非憎恨部屬。

07

加上「正面標籤」，部屬更奮發圖強

曾經用過便利超商洗手間的人，很難不注意到廁所牆壁上貼著的小海報：

感謝您使用後仍保持清潔，

很歡迎您下次再使用。

——店長敬啟

便利超商的店長利用心理學的方法，先為使用者戴上高帽子，認定你就是一個使用後會保持清潔的人，看到這個海報的顧客就很難背叛對方的期待。

人的心理是很不可思議的，經常在受到他人的肯定、推崇或鼓舞之後，就會希望自己能不負期待，想方設法自我要求盡力去做到。

「你真的好親切哦！」被對方這麼一說，很難對他繼續冷淡下去。

「你都會很早就到公司」，被同事這麼一說，怎麼還好意思經常遲到了。

這種現象在心理學上叫做「**標籤效果**」，期待對方是「如何的人」，**就把這樣的想法告訴他，對方就極有可能會按照你想要方式行動。**

反之，如果你一直認定他「就是辦不到」，對他沒信心地持續潑冷水，那麼對方也就會真的不行了。

要當好主管，就要對自己部屬的將來懷抱著信心和很大的期待，並且循循善誘地慢慢栽培他們，也因此在你責罵他們時，你該用得是貼上好標籤，而不是壞標籤。

「你就是做什麼都不行」——用這樣的壞標籤責罵，只會令對方很受傷。但要是你換個方向這樣說：「這麼做實在不太像你啊」又會如何呢？**對方不僅不會受傷，還會覺得「必須回應期待」而變得更努力。**這就是好標籤的罵人。

「你怎麼又犯錯了，可以認真一點嗎？」聽到這類的責罵，對方實在很難不沮喪。但如果你能改口說：「今天是怎麼了，你的水準不該是這樣的，是不是有什麼煩惱啊？」。這麼一來非但不會沮喪，還會覺得「自己受到認同與肯定」，而不好意思地自我勉勵來修正自己的錯誤。

活用好標籤效果的責罵術非常簡單，你只要記得在責罵部屬時，加上以下幾句話就可以了。

「這一點都不像你。」

「你的能力應該不止這樣吧。」

「我希望你當大家的楷模。」

「你會這樣一定有不得已的苦衷。」

無論你的罵人再怎麼嚴厲，只要再附加說這些，對方接受的程度就會大上許多。這就是正面標籤的神奇效果，罵人時請一定要好好善用。

Point

與其潑冷水讓部屬喪志，不如用期待的方法讓他奮發。

08

「人比人」只會讓部屬失去自信

「多跟你同期進公司的A君學一學吧！」

「B君做得很好不是嗎？你真的要加油了。」

「我年輕的時候哪有像你這麼慢，你真的要好好努力了！」

有些主管會像這樣，總愛拿第三者來跟部屬做比較。他也許是想藉此好好激勵對方，只不過這種手法經常只會收到反效果。

每個人都各自有不同的長處和短處，倘若只是抓住某個面向拿來做比較是不公允的，況且每個人多多少少都有些個性，甚至**大多數人很愛面子，不會去承認自己比較差**，也因此這樣的比較只會讓人受傷。

如同我在前面所提過的道理，責罵的要義是在於——**比較應有理想狀態和部屬的現狀**，讓他了解其中的落差，讓他發現自己的問題與尋求改進，是**對部**

屬有所期待，才會進行的督促行為。

但如果你是用人與人之間的比較來指責部屬，就等於只是進行一場「誰較好誰較拙劣的競爭格鬥」，這和責罵的真正要義是截然不同的。這麼一來，部屬的感受會是「被比較、受批判」、「我被攻擊了」，在這樣的心情下，怎麼會坦承自己的不足，更不可能朝向反省、改善的方向思考，而僅會有嫉妒、彆扭、畏縮甚至是生氣的負面情緒。

到了最後，他感受不到主管對他的期待，其結果是部屬失去自信，工作意願越來越低落……。

主管要優先比較的是應有的理想狀態，拿人來做比較，這樣的責罵要求不僅毫無效果，也只會徒增部屬的懷憂喪志，這是身為主管要懂得的責罵原則。

Point

人比人，氣死人，這樣的責備只會讓部屬失去自信。

09

有時需要公開罵人，例如遲到

「指責別人最好是私底下，在大庭廣眾面前罵人總是不好的。」我想有人應該聽過這個罵人論點。

在別人面前被責罵，自己的疏失在眾目睽睽之下被追究，受責的人必然會感到不舒服與羞恥。個人名譽遭到挑戰，**自尊心蒙受打擊的此時，很難不會為自己強力辯解**，築起自己內心的高牆，開始找藉口來合理化自己，更不想承認自己的錯誤以及應該負的責任。

由此看來，在眾人前面斥責部屬似乎不是一個好主意。

然而，並非所有過失都不能在眾人前斥責，有時當大夥都在的場合加以指責，對於整體團隊組織是有幫助的，不見得是件壞事，以下就是在眾人前面斥責的三個好處。

第一個好處，就是可以**讓團隊上緊發條，工作不會產生鬆懈感**。

藉由責罵某一個人，你可以讓團隊所有人都聽見責罵的內容，這時周遭其他部屬會暗自鬆口氣：「還好被罵的倒楣鬼不是我」，然後就要自我提醒：「我也要小心注意，以免下次就換我遭殃了」。

第二個好處就是**來自夥伴們的鼓勵**。

人多半會有惻隱之心，習於幫助弱者，當大家在場看到有同僚被罵的時候，夥伴們多半會為這個可憐蟲加油打氣來鼓勵他，也會體貼地提供幫助，這些都會成為受責罵的人的精神支柱，對於團隊士氣也會有所助益。

第三個好處就是**維持團隊組織規範標準**。

打個比方，假如不在大家面前責罵上班遲到的人，而僅僅是在私底下責罵，於是大家會覺得「遲到根本不會怎樣嘛」，很可能就會像傳染病一般，遲到的人會越來越多。另一方面，對於較有責任感準時上班的人也會心生不滿，就會產生劣幣驅逐良幣的現象。反之，在團隊面前責罵遲到的人，就等於證明你認可準時上班的員工，上面所提的問題都將迎刃而解，也能維繫團隊的規範標準。

如果是要糾正部屬的工作態度或努力與否，就不應該在大夥面前責罵，這麼做只會令他覺得很羞恥，認為自己的人格被否定，你的責罵只會導致反效果。

但若是部屬遲到或者是違反規定，就等於是在破壞團隊的準則，他們所破壞的是一個維繫團隊工作的客觀基準，對於這樣的錯誤，你必須在眾人面前斥責才是對的。

Point

什麼過失要在人前責罵，什麼必須私下，一定要搞清楚。

10

高壓會造成反彈，只能短時間有效

社會心理學家布拉姆提出一個心理學名詞「反抗心理」——當一個人被高壓模式說服時，接受說服者會有被對方強迫的感覺。最後產生的結果會是為了想取回自己的意志和自由，於是行為將轉變成與被說服的內容相反的方向。

無論部屬在表面上顯現什麼樣的態度，若是你以高壓的方式斥責，他的反彈是必然的。當這種心理因素產生時，別說他會不會成長，即便你連續罵上幾十次，他都可能連錯誤的責任都不願承認。

運用高壓式管理的責罵方式，部屬因為懼怕於主管的威嚇，在短時間內或許會得到改變，然而在他們的**內心並不是真的認同**，長久下來，**一定會發生陽奉陰違的情況**，部屬會開始找藉口、隱藏自己的失誤，到了最後，很可能會爆發更巨大的錯失，甚至到了無法收拾的局面。用高壓的方式，還希望能運用責罵讓部屬認知自己的作為和應該理想狀況的落差來得到進步，根本是緣木求魚的想法。

使用高壓式詰問來責罵部屬，絕對只會造成日後的禍害，光是怪罪，不過是讓部屬的意志消沉。重要的是，而這一切的結果，和我們希望對方接受與承認自己的問題或不足之處，其次會去設法改進與彌補和理想狀態的落差，他將得到相當的進步，簡直是背道而馳。

「這個錯誤發生的原因是什麼？」，「該如何防範同樣的錯誤發生？」要求部屬思考肇因與如何防範於未然的質問才是重要的。「我相信你做得到」——你可以加上強烈的期待，以及像這樣的溫暖鼓勵：「我知道你會很努力的」，沒有比這更好的責罵質問了。

Point

高壓只會造成反彈，思考原因與解決之道才是責罵的要領。

11

責罵是希望你成長，不是討厭你

許多人覺得，主管與部屬只要有默契，就可以「只靠意會而不須言傳」，其實這是不對的，也沒有這回事。

在公司跟部屬擦身而過卻沒有打招呼，即使理由是正在專心思考一些事情所以沒注意到，光是這樣的狀況部屬都會開始疑心：「我是否不小心得罪了主管，他正在對我不爽」，「主管是不是討厭我，才不跟我打招呼？」。

責罵部屬的時候，如果讓對方誤以為「我被主管討厭了，所以才會挨罵」，在這種心情下，無論你用多麼適切的責罵技巧，也無法把責罵的要義——使部屬了解他們所為與理想狀態的落差，並幫助他們成長改進，正確地傳達到對方內心。

所以，**平時就要讓他們多了解你的想法**，才能避免在責罵時產生不必要的誤會。那麼，該如何讓部屬明白自己的想法呢？

我誠懇地建議各位主管以下三個重點：

首先要**表達出你的期待**。「我相信沒有事情可以考倒你」，平時就對部屬表達出這樣的訊息，讓他們感受到你對他們的期許，這對主管和部屬都同等的重要。

第二件事就是**對部屬的器重和認同**。「那個主管很看重我」，給部屬有這樣的感覺很重要。因此你平常就要盡可能地多聽取部屬的意見或者提案，願意耐心傾聽部屬的聲音，他們自然就會較有自信，也更加會愛戴主管。

第三件事是**正確表達自己的真實想法**。「責罵你是希望你成長，放任不管只會讓你不知道自己的錯誤。這都是為你好，為了你著想」，真心誠意地將自己這樣的想法說出來，只要你的所為真實反映出你的內心，部屬都會願意追隨，即便是你的嚴詞呵責。

有句話說：「士為知己者死」，**人們總是渴求他人對自己的認同**。同樣地，**沒有部屬會樂於接受對自己評價不高的主管所給予的指示**。雖說你和部屬每天的上班日都幾乎在一起工作，然而不好好正確表達自己的想法，還是很容易讓部屬產生疑慮，誤會免不了就會無地自生。

平時經常表現出對部屬的期待感，也讓部屬感受到你對他們的器重認同，以及多表達自己的真正想法，就不會使他們陷於負面的不安情緒，如此在面對你的責罵時也就能樂於接受你的指導了。

Point

沒有人願意追隨只知看輕自己的主管。

12 主動報告失敗，該不該責罵？

罵一個有蛀牙的小孩：「不可以有蛀牙！」這種只把焦點放在已經發生結果的說法，是完全發揮不了效用的。

「平常不要吃太多甜食」，「吃完東西後記得要馬上刷牙」——想要靠著責罵，讓工作有所成效，你就該連結到日後的行動作為。

事出必有因，你栽種了什麼種子，自然也就會長出什麼樣果樹。作為一個好主管，無論如何都應該**把重點放在發生的原因上**，畢竟不從原因著手，其後果是不可能會改變的。

有些主管光只會把注意力放在結果來責罵部屬，「要拿出成績來」，「這樣的結果也太差了吧」，他們總是這樣地斥責。然而部屬並非蓄意不把事情做好，也很想拿出好的成果，可是許多時候是他們不知道取得好成果的工作方式，所以即便耗盡心力仍然無法盡如人意。

當事情搞砸、失敗了，部屬主動來和你報告，在這個時候就應該不要再加以苛責了。報喜不報憂是人之常情，對於一個要報告不好結果的人而言，那可不是普通的痛苦，**他肯定鼓起相當大的勇氣來向你報告壞結果**。

首先，你應該要感謝他老實地向你報告，讓你可以儘早得知。反之，如果在這個時候你用嚴厲的責罵來對待，那恐怕往後沒人再和你報告壞消息了，部屬只會**掩藏自己的失敗**，你會始終被蒙在鼓裡。

況且對於一個已經過去，確定失敗的結果，即便再怎麼嚴加譴責也是無法改變的事實。

「已經發生的事情，如今也沒辦法改變，現在還是思考一下能做些什麼補救比較重要！」

當我面對部屬的失敗報告時，開頭都會先講這句話。這麼說並不只是顧慮部屬的心情，而是**把焦點放在「還能做些什麼」**。

我不會用「你打算怎麼彌補？」這種追究責任式的責備方法，而是把眼光放向未來，讓往後不要再犯同樣的錯，這才是主管最該關心與最重要的事情。

Point

無法改變已經發生的事，該著重的是未來怎麼預防。

13

領導像「植物栽培」，不是動物訓練

過去我曾經一度以為只要透過叱罵恐嚇，就可以強迫部屬做出我想要的改變。後來我發現，只是一味的怒罵怪罪，根本改變不了什麼。

很多時候**部屬因為怕挨罵，會在表面上做做樣子，假裝自己已經照著你的方式做出改變**，但持續不了多久就會原形畢露。

這樣的概念就是誤以為訓練部屬就像「訓練動物」一樣，只要大聲叫罵恐嚇，他們就會乖乖地對自己言聽計從。

其實，對待部屬應該要像「栽培植物」。植物的生長是緩慢的，播了種之後也不會立即看到他的成長，但是只要你能夠耐心地持續澆水施肥，一些時間過後就會冒出新芽，接著莖也伸長了，葉子也繁茂起來，然後才開始冒出一個個蓓蕾，最後開出美麗的花朵。

植物生長是自發性的，也需要一段時間，想要揠苗助長，在一瞬間開花結果，都是不可能的任務。你能做的只是在一旁澆水與施肥，或者藉由間接影響去促進它的自發性成長。

「我們沒辦法直接教會別人，我們能做的只有幫他們自己去發現。」這是義大利學者伽利略．伽利萊[8]所說的話。

人類的行為本質無法完全依賴別人的推動，而是需要內心自發性的認同後，才會開始作為，如果主管認為是都是靠自己來「**推動**」部屬，那是一種非常傲慢與不切實際的想法。

事實上，只有在對方覺得：「對，我想要這麼做」的時候，他才會真正地身體力行，也因此「**引導**」才是比較貼切說法。

所以，請把對部屬的指導視為「植物的栽種」，你必須知道，他**不會完全按照你所想的方式做出行動**，你也無法推動他們，而只是藉由引導來協助他們的成長。

8 伽利略．伽利萊（Galileo Galilei，1564年－1642年），義大利物理學家、數學家、天文學家及哲學家，是西方科學革命中的重要人物，被譽為現代觀測天文學之父、現代物理學之父、科學之父。

千萬不要自以為做了什麼部屬就會馬上改變，就能夠立刻開花結果。當理解這些道理後，你已經踏出成為好主管的第一步。

Point

部屬成長和植物一樣，自主且緩慢，需要的是「引導」而非「強迫」性推動。

第3章

責罵之前，主管該學習的12 種正確心態

找出每位部屬的優點，
並引導他們百分百發揮

01

只有無能的主管，沒有無用的部屬

將棋要想下得好，首先要先搞懂每顆棋子的作用與限制，才能發揮它們各自不同的特長。

「只能走斜前方的角棋一點用也沒有」，「飛車只能直線前進根本不行」，會下棋的人不會因為棋子的限制而心生埋怨，這樣子絕對不可能下出一盤好棋。**懂得利用每顆不同棋子的各自優勢，並且相互彌補缺點**，才能妥善佈局，把力量發揮到最大極限。

「那傢伙根本一無是處」，我們偶爾會遇上這種說自己部屬壞話的主管。然而並沒有所謂「完全無用」的部屬，事實上只有「缺乏運用他的能力」的主管，無論什麼樣的部屬，都一定有他擅長的領域以及較別人突出的才能。

所以只要你正確對待部屬，好好的培育訓練他們，就必然會有好的變化。

對於那些過去不曾使部屬成長的主管，他們根本很難相信這種事情，便認定那些人是毫無用處而直接放棄。

明明是主管自己缺乏指導能力，無法培育部屬，卻反過來認為是部屬的能力有限，工作意願不高而放棄他們，這是非常不公平也不足取的事。

全球知名商業管理大師彼得・杜拉克曾經說過：「組織的機能是把人的強項與生產結合，把人的弱點加以中和。」[9]

一位稱職的好主管會懂得如何觀察部屬，能夠找出他們擁有的長處，或是被隱藏的潛力才能，並且**創造出適當的機會引導部屬發揮出來**，以及透過整合彼此的長處和互補短處，讓整個團隊的力量得以大幅提升與成長，這才是你該學習做到的事！

Point

每個人都有所長，需要主管的發掘與引導。

9　引言出自《杜拉克精選：管理篇》（*The Essential Drucker on Management*）。

02

愛就是理解，關心工作失常的部屬

遇上部屬無法完成某項工作時，原因只有兩個。

第一種原因是，**他沒有正確理解該項工作的做法**。在這個時候，做為主管不能只是責罵，而是**先教會他工作方法跟順序**。

對於尚未熟悉工作方法的部屬，即便你再三責罵：「你的幹勁實在不足，不多加油是不行的」，他也做不到任何改善，除非教會他具體可努力的方法，否則他根本只能陷落在原地踏步的窘境。

第二種原因是，他明明理解工作方法，卻無法做到應有的理想狀態。會有這樣的問題發生，有可能在於**部屬的情緒低落**，或是要**兼顧的事務太多**，以致於無法把所有的工作任務做好。

此時，主管必須把管理焦點放在問題的起因，接著想辦法解決掉。要做好這點，**平常就得時時關注部屬工作的狀態**，才能找到真正癥結的所在。

我記得德國知名的社會學者艾理希・佛洛姆[10]曾經說過：「愛就是理解，為了愛而努力，也就是為了瞭解所做的努力。」如果你曾經談過戀愛，你一定體會過當對方換了個新髮型，自己馬上發覺到的經驗。這是因為關心而時時觀察對方，所以有一丁點的變化都不會遺漏。

你對部屬的工作的模樣是否都有印象呢？無論是神情抑或他的穿著，還是工作的方式，你是不是有很多事情都沒注意到呢？

要了解部屬，主管必須投注更多的心力。「真想趕快培植這個部屬成為獨當一面的人才」，「希望藉由我的指導，讓他變得更茁壯有力」，**如果你有這樣強烈的關愛，自然就會關心部屬，如果有關心，便會不知不覺去觀察對方。**

Point

只有時時關注部屬，才有可能發現工作失常的問題癥結。

10 艾理希・佛洛姆（Erich Fromm），人本主義哲學家和精神分析心理學家，「精神分析社會學」的奠基者之一。畢生致力修改弗洛伊德的精神分析學說，以切合西方人在兩次世界大戰後的精神處境。

03

和部屬太親近，就會失分寸

當上主管之後，你的角色立場也會跟著改變，跟部屬已不可以再和過去一樣是要好的朋友關係了。

做為部屬的頂頭主管，你需要對他們下達指示，同時也會時時刻刻緊盯工作的進度，以及要求達成工作的目標。而你也需要開始設想，如何透過每一項工作的實踐、要求，加上好的責罵技巧來讓部屬理解自己的不足進而改善，讓他有所成長，這是身為主管必須要做到培育部屬的職責，是主管不容推諉，必須要扮演的角色。

然而，可不是每個部屬都是乖乖牌，樣樣都會對你言聽計從，當中還有某些人會採取反抗態度，任何當上管理職的人都免不了曾經為這種孤獨感與無力感而煩惱、痛苦，**這是每一個主管必經的道路。**

為這種事苦惱的主管，一開始總會面臨兩個抉擇，內心掙扎不已。其中之一是想規避眼前的這種苦痛，選擇跟部屬維持良好友誼地當一個「**朋友型主管**」；另一個就是忍耐這份孤獨與痛苦，希望自己成為「**務實型主管**」而繼續堅持與努力。

要是你選擇了「朋友型主管」，接下來會如何呢？

我自己當初剛開始也是選擇這條路，這是一條從短期來看比較輕鬆的道路，可以跟部屬打成一片，在氣氛融洽、感情良好的環境中當個太平主管。可是沒過多久，**許多壞處就逐漸浮現了**。

首先，因為你跟部屬的過於要好，**他們會變得沒大沒小、失去分寸**，甚至不把你看在眼裡，團隊也因紀律鬆弛失去了緊張感。就結果來說，會逐漸變得更加難以領導統御一整個團隊。

當主管和部屬的情感過於要好的時候，你就很難對部屬下達他不喜歡的指示，到了萬不得已時，**你還得對部屬低頭拜託，央求他們多幫忙配合**。

在這種主管麾下工作的部屬，絕對不可能成長，況且主管無法依照真正該做的、該要求的來管理，團隊業績當然也不會有所提升。這條看視輕鬆的道路，結果卻會在不久的將來讓你承受極大的痛苦。

那麼選擇忍受孤獨，和部屬的接觸保持分寸當個「務實型主管」，又會是如何呢？

一開始，部屬會因為無法和你交心而不太聽話，你或許會很辛苦。然而在這段辛苦期間，**你將會一點一滴了解如何拿捏分寸，探知該怎麼跟部屬互動，以及維持在什麼樣的距離可以有效地領導他們。**

也就是在追求實踐自己應盡任務的探知當中，自然而然地培養出一身符合主管職務的能力。

Point

和部屬過從親近，只會讓他不把主管放眼裡。

04

保持距離，才能建立「有效領導權」

假設你跟家人或者非常要好的朋友約見面，然而你卻因故將會遲到，你會把這當成很嚴重的事而緊張嗎？或者是你會認為，只需在見到面時說幾句「抱歉、抱歉」，就應該沒問題了。要是看見對方因為你的遲到，臉上露出有些生氣的表情時，你應該也會說：「不要這麼生氣嘛」。

照理說，你不會認為這件事情有多嚴重，因為你們之間是那種可以容許任性、撒嬌和不需要客氣的關係。

但如果這位朋友剛認識不久，你又會怎麼想呢？你可能會連忙在事前就用電郵或其他聯絡方式告訴他遲到的理由，以及自己會晚到多久，在一見到面時應該還會低頭致歉。要是對方為你的遲到表示生氣，你可能會很緊張，一整天都會把這件事放在心上。

很明顯地，**你會依據自己跟對方的心理距離，採取完全不同的態度**，這一點在職場上也是一樣。

當主管與部屬像朋友關係一樣親密時，無論你怎麼斥責他，對方也會說：「請你不要這麼生氣，好不好！」他會和剛剛你跟自己家人見面遲到的心情一樣，不會把這件事看得很在意，你對他的責罵也就無法發揮作用將想法正確地傳達給對方。

主管與部屬沒有保持一定距離而過於親密是不好的，畢竟部屬常會因為和主管感情太好而**無法適應主管不留情面的嚴格要求**，又或者會不在乎主管的責罵，認為「反正我們好得很，他不會對我怎麼樣的」。

所謂「很喜歡」、「感情很好」跟「指揮得動」、「指導得來」是完全不同性質的人際關係，**保持一定的距離，才會有相當的緊張感**，如此主管和部屬的關係才能夠穩當。

法國前總統戴高樂[11]說過：「偉大的人物會跟群眾保持距離，因為缺少了權

11 戴高樂（Charles de Gaulle），法國軍事家、政治家，曾在第二次世界大戰期間領導自由法國運動，戰後短暫出任臨時總統， 1958年成立法蘭西第五共和國並出任第一任總統。在法國通常被稱為「戴高樂將軍」（Général de Gaulle）甚至簡稱「將軍」（Le Général）。

威或威信就成不了事。若不與世人保持距離，便無法建立威信。」

特意討好、希望拉近與部屬的距離，只會被他們所輕蔑，主管必須與部屬保持一定的距離。

Point

想要保持有效領導權，就不要跟部屬走得太近。

05

提高主管的責備能力，公司才會成長

對學生而言，下面哪一個才是真正的好老師？

A老師：總是很溫柔，很少呵責學生，有時還會說：「今天休息不上課了，讓你們去運動場玩玩吧。」三不五時地放任學生去打球。

B老師：要是學生做錯事，就會嚴厲的斥責，對讀書也特別嚴格要求，考試成績不好的學生，還會幫他們補課加強。

廣受歡迎應該是A老師，學生們每天上學都會很期待。可是長久下來跟其他的班級相較之下，學習落後是必然的結果，等到下學年開始更換其他導師之後，這些學生很可能就會跟不上了。

B老師則比較不受學生喜愛，甚至大家很可能對他有所畏懼，每天到校上課對學生們而言變成是個很痛苦過程，然而當學生們習慣了要求，不再感覺辛苦後，他們的成績也就越來越好。

表面上應該是A老師比較受歡迎，但真正為學生著想的卻是B老師。那麼，你是比較像是A老師，還是B老師類型的主管呢？

「企業走向成功還是步入失敗之途的決定性差異，就在於組織能引導出多少員工了不起的能量與才能。」這是IBM電腦公司前執行長湯瑪士・華特森二世[12]說過的話。

今後的商業時代，**培育人才的能力將會左右企業的成長；主管如何栽培每一個部屬，將決定企業的未來**。儘管聚集了再怎麼優秀的人才，若是被配屬到一個不會責罵人的主管底下，很快就會變成一個廢物員工。

反之來說，無論是什麼樣的人，倘若他的主管很懂得責罵要求，時時刻刻總把培育部屬放在心上，無須太久，他就會因為主管的明確指導，成為一個優秀的員工。因此，**提高主管的責備能力，是企業成長的關鍵因素之一**。

Point

受歡迎不代表是好主管，也不一定是企業想要的。

12 湯瑪士・華生二世（Thomas J. Watson, JR.）1956年擔任IBM執行長，不久後兼任董事長。他所領導的IBM不僅度過危機並且持續成長茁壯，為商業界人士所稱頌。

06

你認為部屬很爛，他就會自暴自棄

教育心理學裡有個名詞叫「畢馬龍效應」。這個效應於一九六〇年代由哈佛大學的心理學家羅伯特・羅森塔爾[13]實驗證實與提出，意思是說，當老師對學生抱持著正面期待，學生的成績表現就會因此提升。

實驗中，羅森塔爾跟某個班級導師說，將會在他的班級實施智力測驗，並且能確切預測學生學習能力與未來成績的表現。然而，其實這個測驗根本是沒有意義的，而且也不管成績如何，只是隨意從名冊中任意選出幾個學生給導師，隨後再告訴他：「這幾個孩子將來的成績一定都很好。」

在這之後，導師就會期待這些獲選者的成績會向上提升，也開始關注這些孩子們，一年後，果然被選中學生的成績都比其他孩子來高出很多。

原來，**老師的期待對於學生的成績增長是有關聯的。**

13 羅伯特・羅森塔爾 (Robert Rosenthal)，加州大學河濱分校社會心理學家。他的主要領域是自我應驗預言，尤其對畢馬龍效應（Pygmalion Effect）作了許多研究。2003年獲頒美國心理學會心理科學終身成就獎。

於此順帶一提，「畢馬龍」這個詞出自於希臘神話，原本是一位很會雕刻的國王的名字。

有一天，他得到一塊非常棒的大理石，就拿來雕成一個他理想中的女性，由於這個雕像實在太完美了，於是畢馬龍國王愛上了自己雕出來的大理石像。

他開始不斷向天神祈禱，讓這座雕像能夠擁有生命，掌管愛情的女神阿芙蘿黛蒂聽見了國王的祈求，便將生命賦予給了雕像，兩人不久後便結婚，一直過著幸福的日子。

其實任何人都擁有著相當的潛在能力，當我們在觀察部屬的時候，都要心存相信那個人擁有很大可能性的念頭。如果你只是認定「那個傢伙肯定沒辦法」，「算了，無論我再講多少次他也不會懂」，以如此負面成見來看部屬，那麼絕對無法培育出最棒的人才。

而且，當你內心認為誰不行時，**那個人都會感受得到**，都會知道你對他的負面評價。

從現在起，不要再戴著有色眼鏡看部屬，要經常保持著「我一定可以將他引導到理想狀態下」的信念，如此一來，依照畢馬龍效應的原理，對方很快就會有大幅的成長。

Point

正面期待部屬，他就會進步，給與負面評價時，部屬也一定會感受得到。

07 不只看，還要能看見

自從某一天我覺得「好想買個LV的名牌包」那瞬間開始，我就變得非常注意別人的LV包。然而在這之前，無論有多少人背著威登包在街上趴趴走，我從來都視而不見的。

這樣的改變讓我感到很不可思議，「我想要擁有這個東西」，從這念頭開始的霎那間，我整個人的注意力完全改變了。

中國古書《大學》裡頭有一段話是這麼寫的：「心不在焉，視而不見，聽而不聞，食而不知其味。」意思是說，倘若你心有旁騖，那麼即便眼睛看了、耳朵聽了，嘴巴吃了也都不會有任何感知。

在指導部屬方面也是同樣的道理。平常工作的時候，倘若你沒有用心去想，只知道看部屬的表面，是無法找出他有哪些需要指導的，也無法察覺到有哪些該稱讚、該責罵的地方。

要發現這些事情，該怎麼做呢？主管心目中要有一個理想的狀況，先要預設**「希望他變成這樣的人物」時應有的模樣**，然後就會有準則可以依循：和別人交換名片時應該如何，電話的應答應該如何，商談事情時應該如何等，期望部屬該有的各式各樣理想狀態。如此一來，許多指導要點就會清晰地躍然眼前，部屬做不到位，你也就可以加以責罵要求，做得好的也能夠給予讚美。

培育部屬最要緊的是「看」得見。要做好責罵作為，就要分三個階段來「看」。

第一個階段的看，是「**觀察**」。對於部屬的工作行為細節，包括舉手投足的微小動作都能仔細地觀察。

第二個階段的看，是「**評價**」。依據你所觀察部屬目前狀態和應有的理想狀態做出比較，並且確認、評價兩者之間的落差。

第三個階段的看，是「**確認**」。當你的觀察、評估有了結論之後，對於部屬不好的地方就要予以指責，並且讓他可以改正過來。

Point

「觀察→評價→確認」牢記這三個階段才能做好責罵。

08

緊盯部屬的缺點，會使他失去自信

在職棒運動中，從來沒有過能當第四棒強打，還是王牌投手，又是盜壘王的球員。一位好的教練會依據各個選手的強項，如腳程加快或臂力強，然後把他們安排到可以發揮長處的位置。

只要讓每個選手的長處都得到最大的發揮，以及協助球員精進這些長處、變成利器，就能把團隊實力提升到最高。

「你如果不能把業務、行政、管理全都做好，真的很傷腦筋耶」，「你要兼顧速度與正確性」，有些主管會像這樣要求部屬像電影中的超人那樣地無所不能。

然而，**每一個部屬必然都有他自己的個性，也有擅長和不擅長的工作**，期望部屬面面俱到、做到一百分，是萬萬不可能的。「他做報告的能力一支獨秀，但是說到行政工作就完全不行了」，像這樣的人，如果你一直拿他很不擅長的行政工作來要求，要他改進克服，到頭來也不會有任何成效，**甚至只是造成部屬的灰心喪志，連他原本擅長的能力也跟著消失**。越是嚴厲斥責，部屬的自尊心就越受傷，越來越失去自信，跟著被精神壓力所擊垮。

無論怎樣的人一定都有擅長的某一項事務，別做出無理的要求呵責，而是要**徹底去瞭解對方的個性，就讓他發揮所長吧**。

作為主管的人必須要了解一個道理，那就是人的習慣總是寬以待己，嚴以律人，很容易只注意別人的缺點。因此，你要自我提醒，盡可能地找出每一個部屬的優點，讓他盡情發揮長處，這才是一個好主管該有的管理意識。

法國料理可說是全球最出眾的飲食文化之一，在法國，有句經典格言說：「一流主廚會為了做出最棒的料理，而去搜集最好的食材；然而，超一流主廚則是使用現有的食材，做出最棒的料理。」

想要成為公司超一流的主管，就不應該抱怨自己無法選擇部屬，而是去培養現在的部屬，要讓現有成員個個都能發揮所長，發揮自己最大的能力。

Point

對部屬不擅長的事來嚴厲責罵，只會讓他擅長的能力也跟著消失。

09

主管的「精神訓話」，就免了吧！

如果你常常覺得部屬很無能，或者部屬看起來很笨，那麼你已經罹患了「主管大頭症」。要是你又不夠小心注意，部屬都能感受得到你的想法。

這些大頭症主管，會用輕蔑的態度責罵訓斥部屬，總是以傲慢的口吻教訓自己的部屬：「我完美，所以當上主管；你有缺點，所以你是部屬」，語氣中充斥著鄙視感，讓部屬受到過度傷害。

這樣的概念是對的嗎？請回想過去，當自己還是個基層職員時，也絕對不可能是個完美員工，但是當時的主管還不是容忍你的缺失，還不是依然用心地栽培你。

此外，像這樣的主管還喜歡隨意把部屬叫來，胡亂地對他進行精神訓話：「你啊，就差那麼一點堅持！」，「多拿出一些幹勁來吧，你的毅力可以再加強喔！」。

也許罵人的一方會覺得已經熱切完整表達出自己的想法，但是絕大部分的狀況是根本沒有順利傳達出自己的想法。

許多部屬並非只想偷懶，他們也希望自己工作上有所成就，也都會做出一定的努力，只不過他們的工作與努力方法，最後沒有導向好的成果。要是你有事沒事就對他們精神講話，要他們「再拿出些幹勁」，「再多打起精神來」，部屬就會覺得「自己再怎麼努力，似乎都不會得到認可」，就會日漸累積不滿的情緒。

更何況，「要再多拿出一些幹勁來」這種精神加油型訓話，**被叨念的部屬也完全不明白「該從哪裡加強？該改變哪裡？可以怎麼改變？」**也就無法實踐責罵的重要目的——讓他發現自己的不足。最後的結果，部屬的心情非但沒有反省或改善，只會更加失去幹勁而已。

無論主管再多的精神訓話，都無法增加部屬的工作能力，因為這種模式都無法實現責罵的原則——「幫助部屬發現問題與找到改善的方法，以及讓他們把這個方法變成習慣」。所以，主管的精神訓話，就免了吧！

Point

不是讓他們「拿出幹勁」，而是讓他們改變「作法」。

10

管理用人，一定要懂得「破窗理論」

喬治・凱林博士[14]曾提倡過「破窗理論」，意思是這樣的：

某棟建築物如果有片窗戶玻璃破掉卻置之不理，大家就會認為這棟房子沒有人管理，於是其他窗戶也會遭到破壞，接著垃圾也會丟棄於此，該建築物所在區域的環境隨之惡化，犯罪事件就會開始增加。

當第一片窗戶玻璃被打破，卻無人聞問加以修護，就會引發別人仿效破壞其他的窗戶玻璃，最後的結果是變本加厲，其他事物也將隨之失序，混亂會越來越大。

一九九三年魯道夫・朱利安尼[15]就任紐約市長時，他靈活運用了「破窗理論」，重新讓這個在世人眼中認定為犯罪之都的紐約形象煥然一新。

朱利安尼首先強硬取締，諸如地下鐵塗鴉等，長久以來一直無法改善的輕

14 破窗效應（Broken windows theory），為一犯罪學理論，由詹姆士・威爾遜及喬治・凱林（George L. Kelling）提出，發表於《The Atlantic Monthly》1982年3月。此理論認為環境中的不良現象如果被放任存在，會誘使人們仿傚，甚至變本加厲。

微犯罪，在他就任僅僅五年時間，這個國際型大都會的犯罪數量遽減，殺人案件減少了六十七・五％，強盜事件減少了五十四・二％，對婦女施暴的狀況也減少了二十七・四％，紐約街頭恢復了治安。

治理公司也是同樣的道理，倘若對於一些小小的違規放水，「這點小小違規應該沒什麼關係」的氣氛，便會逐漸蔓延開來，企業組織也會越來越紊亂。

要阻止這個情形發生，就有賴公司主管幹部的要求，必須讓自己的部屬遵守規則。

主管對於規則遵循的嚴格要求很重要。比方，遵守時間是一件很重要的事情，即使遲到一分鐘也算遲到，如果你原諒了這個，那麼對於遲到兩分鐘的人該怎麼處理？晚三分鐘到的又該如何呢？到了最後你必須一直對這個問題感到苦惱。

再者，**規則標準的客觀化也是不可缺少的一環**，如此部屬才能確切知道什麼可做，什麼不能違背。就以對染髮的要求為例來說好了，如果規定「不可以

15 魯道夫・朱利安尼（Rudolph Guiliani），於1994年至2001年間擔任紐約市長，任內致力降低犯罪率並改善城市生活的品質。在世界貿易中心遭受恐怖攻擊的九一一事件期間，他以突出的坐鎮領導能力而聞名全球，使他被《時代》雜誌列為2001年的年度風雲人物。

染成褐色」，這個規則標準是很難判斷的。在我的公司，我會準備好顏色樣本，讓他們客觀地瞭解「染髮的程度到幾號色為止都是被允許的」，如果超出這個範圍標準，就會當作是違規而予以警告。

對違規者放水，等於讓其他遵守的人看起來就像傻子，所以無論部屬用嘻嘻哈哈的方式想矇混過關，或是施展苦肉計向你賠罪想得到你輕輕放下，都是不可以允許的。

只要放過一個人的違規，你就無法再責罵其他人了。即便所犯的只是一點小違規，**當你不以為意之後，都會像雪球般地越滾越大**。

Point

對小差錯放水，只會讓事態變嚴重。

11

大失敗要鼓勵，小失敗要嚴厲

凡事都要貫徹始終，理所當然的平凡事情也必須要徹底執行。主管對於部屬的指導，必須從一般的平常事務的徹底做到開始。與人的打招呼，對話的用字遣詞，維持辦公室的整潔，個人服裝儀容的要求等等，這些看似理所當然的事情，都需要徹底的教育。

枝微末節的尋常事情，部屬經常不怎麼放在心上，容易疏忽輕視，所以主管更應該講究，直到部屬能完全做好為止，**透過貫徹這些小事，不斷重複警醒部屬，團隊組織就不至於鬆散，就能夠防微杜漸地避免導致大失敗。**

當部屬遭遇失敗時，主管必須仔細觀察他們的態度，確定以下三點：

一、有正確理解自己做的事情嗎？

二、對自己的責任有自覺嗎？

三、有真心的在反省嗎？

倘若發現部屬的自覺與反省不足，你就要明白地指出來，一定要確實的責罵。「我真的感到很抱歉。」像這種表面化的道歉，不可以隨便接受而就此打住，因為重點不在於責怪或要他道歉，你必須追究詰問，今後要如何地進行改善。

反之，假如部屬明白自己的責任與深刻的反省，並且為此深覺非常沮喪的話，主管就沒有必要窮追猛打，相反地，你更應該**和他一起思考失敗的原因**，然後鼓勵他們。

發生重大失敗的時候，部屬會對自己的行動感到懊悔，嚐到重大挫折的滋味肯定很不好受，這個時候主管的鼓勵變得很重要。那麼遇上小失敗的時候，部屬很可能會輕忽，這種時候主管就必須切實地責罵，因為小疏忽、小差池，很多時候會是大失敗的溫床。主管記得要正確掌握部屬的心境，採取最適當的責罵方法。

Point

大失敗要鼓勵，小失敗要嚴加要求。

12 就算被討厭，也要把規則定下來

訂定新的規則，並且讓公司內部徹底遵守，這是一件很辛苦的工程。假設訂好規則所付出的辛勞是一分，那麼把規則的意義和內容確切達給團隊所有成員瞭解，所需要的辛勞就是十分，更進一步地讓所有成員遵守規則所耗費的辛勞，應該是百倍以上。

當部屬破壞規則的時候，你絕對不能放過。千萬別認為這只是無關緊要的一點小事，就睜隻眼閉隻眼地不想為難人，這種想法根本不是體貼，而是懦弱天真。

如果對於違反規則的部屬視而不見，就這麼算了，你知道後續會發生什麼事嗎？身為主管你必須要了解，今日的責罵與否都會成為一項實績，都會被部屬當成是明日的準則，當下次再有人違反了同一個規則時，要是你給予責罵，對方很可能會頂嘴說：「上次某某犯了同樣的錯，你不是連一聲都沒吭嗎？」屆時你就麻煩了。

今日迴避該有的責罵，明日你將付出往後拖延代價。主管想要訂出明確的團隊規則以及讓部屬接受與遵守，以下三點很重要。

首先，**要擁有把規則定下來的熱忱**。「即便變成人見人厭的傢伙也要讓全體人員都遵守」唯有這樣的決心，才能踏出第一步。

第二點，**要徹底明白告訴部屬，訂下規則的背景與原因**。確實表達讓人理解訂定規則的目的、理由，是非常重要的。

「為什麼要做這件事？」，「選擇採用這個方法的理由是什麼？」，「如果沒有遵守，會有什麼樣的風險？」你必須要積極且明確地讓部屬知道原因。

第三點，**盡其可能找到具有使命感的人來當複查員**。公司是人的集合體，若是每個人都不關心也不在乎，無論任何規則即使大家都知道了，也都是虛假毫無意義的。

「誰可以來關注並指導每一個人的行動？」想要讓制度可以長期延續以及讓大家確實遵守，指導的角色萬萬不能少，你必須找到一些人來幫這個忙。

當規則想清楚與明訂之後，無論如何都要堅持下去，絕對不可半途而廢。

越囉嗦、越執拗的主管，才是越是懂得栽培部屬的好主管。

Point

即使變成一個討厭鬼，也要讓團隊的規則定下來。

第4章

最有效的職場責罵技巧大公開

如何當一個會罵人
且一樣受敬愛的主管？

01

三成安打率的部屬，夠好嗎？

假設現在你是一個少年棒球隊的教練，當自己的上場打擊的球員被三振時，你會不會痛罵他：「臭小子，竟然被三振，你在搞什麼鬼！你要怎麼負這個責任？」又或者你應該會對他說一句：「沒關係，下次再加油。」

那是因為你知道，即便是一名強打者，打擊率最高也頂不過只有三成左右，擊出安打的機率遠比出局的機率低很多。

根據我所知的某個資料顯示，會聽從主管指示的部屬，並且按照指示行動的只有三成而已。我相信這個數字對於實際上有帶人的主管而言，必然湧上一股與我心有戚戚焉的真實感受──「部屬就是打擊率三成的選手」。

主管會對部屬生氣，許多時候是因為他們沒有按照自己的期待工作。「之前不是已經提醒過你了？到底要讓我說幾遍？」

「為什麼連這麼簡單的事情都不會？」

就是因為原本以為「應該做得到」，最後結果卻和你的預期不符合，於是開始感到不滿氣憤，然後轉化為行動的衝撞、怪罪。

過去當部屬做不到我所指示的工作時，自己也是氣得半死，但自從我懂得**把部屬當成是「安打率三成的打者」之後，很不可思議地，此後我便不再為此動氣了。**

只要改變想法，理解到「畢竟做得到的是少數」的這個前提，一切就都會往好的方向邁進，也就不會有不必要的，對事情無助的氣急敗壞。如今即使是簡單的工作，只要部屬能夠好好的完成，我都會對他們說：「謝謝，辛苦你了」，真誠地表達我的感謝。

由於我很清楚若是放手不管的話，部屬做不到的機率會比較高，所以我在過程中就會仔細確認部屬對我的指示是否有足夠的理解，以及是否實際遵循著好好進行。也因為**在過程中的關注與了解**，當事與願違結果達不到我的想像時，我也就不會發怒，而是跟他們一起思考下次可以怎麼做到。

只因為**稍加修正了一些對部屬的期待，我就讓自己的情緒化次數大幅降低**，也請你依照現實狀況，把部屬當成打擊率三成的球員吧！

Point

打擊率有三成的部屬，已經很不錯了。

02

只要有效果，責罵一百次都值得

「前幾天，我都已經嚴厲斥責，部屬也表示歉意與反省，他一定知道該怎麼做了吧。」在我責罵過後，內心總會這麼想。

明明只罵過一次，卻懷抱著對方肯定會有所改變，這樣的期待到了最後都只會遭到完美的背叛。當時的我很難接受也無法理解，**該說的都說了，該罵得也沒放過，為什麼還是做不好呢？**

後來經過再三思考，我也就瞭解對方不可能輕易改變的原因了。只要曾經有過帶小孩經驗的人就會懂得，要想改變孩子錯誤的行為可沒那麼容易，光想靠一兩次責罵就可見效，絕對是一種大人的癡心妄想。同樣一件錯誤少則幾十次，多則上百遍，他們才終於會聽懂，才有改善的可能。

即使和我們自己血脈相連、共同生活的孩子，都沒有辦法輕易改變他們，就甭提部屬可以做得到。

管理一個團隊，你必須要有「講幾十次他才會懂」的心理準備來和部屬溝通，如此你就不會為了自己早有說過，部屬卻仍然不懂而勃然大怒，因為你知道這是再正常不過的事了，當然更不會因此感到沮喪而放棄努力。再者，**部屬也不會因為你責罵的內容理論有多麼正確，就會很快地吸收明白與接納**，畢竟人是不會因為理論而有所行動。

要有和部屬比賽毅力的打算，你就是要一個勁地重複指導同一件事情，改變的行動才會就此開跑，這將會是你要長久持續的任務使命——**同樣的話要講幾十次、幾百次。**

「我之前才剛剛提醒過，我實在很難再講同樣的話。」別洩氣，如果部屬沒有做到應有的程度，你仍舊要苦口婆心地一講再講，直到教會他瞭解為止。「總有一天他一定會懂」，相信這個人的可能性，選擇在不同的地點、時機，不斷地教導，直到他學會之前你都不能輕言放棄，對「指導部屬」的堅毅不懈，是一個好主管應有的態度。

因為你知道，凡事不可能馬上變好立即做到位，所以你不會為此焦慮；因為你有一顆不願放棄的心，就能培育出好的部屬。

Point

只要對部屬有幫助，責罵一百次都值得。

03

加分主義與減分主義

以理想狀態為基準來責罵部屬，這是對的嗎？

倘若你把一百分當成是應該有的水準，只要哪邊沒做好就畫上X，你開始像警察似地仔細盤查：「這裡不行喔」，「那裡也差一些」，對於不滿意的地方一個個地扣分。用這種**扣分主義**來責罵部屬，你所扣減的不只是分數而已，還**包括讓部屬越來越喪失自信和熱情**。

請你記得，我們不是為了幫部屬評分才責罵他們，而是要他們發現自己的過失，找出可以改變的方法，最終他們可以改善進步。

扣分主義是以理想狀態為標準，用「這裡不行」，「那邊沒做好」的方式來責罵，是下面的公式——

【從理想來看現狀】＝關注不足之處＝扣分主義的責罵法

相反的，從部屬現狀來和理想狀態做比較，著眼思考的是可以怎麼做來接近理想的狀況，就算現在只是六十分，也會因為責罵而發現應該改正的地方，然後逐漸提高到六十五分、七十五分甚至是八十分。

加分主義則是以部屬現狀為重點，強調以「這裡再修改一下會更好」，「那邊如果改成如何就完美了」的方式來責罵，就是下面的公式——

【從現狀來看理想】＝關注需要改變的地方＝加分主義的責罵法

請你運用這種加分主義的想法來責備部屬，這不僅會讓他們發現自己可以改善之處，更能增加願意改變的動力。

比方說，假如被罵「你做的文件，這個部分不行」就會讓對方覺得不只是文件做得不好而已，連自己的能力都遭到否定，此時內心肯定很受傷。如果你換個說法：「你的文件只要再修一修這裡就很好了」，這給人的感受就會截然不同，對方會很清楚地知道你是在指導對他有幫助的內容，就會易於接受你的指示。

扣分主義的責罵法，只是在部屬的答案紙畫上圈叉；加分主義的責罵法，就像是用紅筆增刪，然後寫上好的建議。**你採取選用什麼方法，對方的接受程度也會截然不同。**

責罵不僅要能指出錯誤、不足，更需要對方樂於接受，否則再好再對的事，當對方有了情緒反彈，也就會失去意義。運用加分主義責罵法，向對方提出改善提案，建議新的目標，更能產生激勵。

Point

「加分法」責罵讓人有改善的熱誠，「減分法」只會令人沮喪

04

責備，不是翻舊帳

你把焦點放在哪裡，對部屬的責罵內容也會有所不同，但你不可以用當下來看過去，以這種態度來呵責對方。

翻舊帳會把重心放在追究責任，你的口氣都會集中在「你怎麼會發生這種錯誤，真是要命」，「這下子你打算怎麼補償呢」。讓部屬反省固然重要，但是都已經木已成舟，把所有的責難放在過去又有何用，對事情改變沒有一絲絲的幫助。

「你怎麼這麼糟糕，竟然犯下這種錯誤」，「你闖大禍了，你會想怎麼賠償呢」，這樣罵人，就是追究責任型責罵法。

【由現在看過去】＝追究責任型責罵法。

然而，若是我們換個想法，改從現在看未來責罵部屬的話，就會是問題解決型的責罵技巧。「今後你可以從這點改善，只要能做到這點，你很有機會成為更優秀的商業人才」，像這樣的責罵用語，不僅凸顯錯誤，把焦點放在未來，是真正可以解決問題的方式，也是受責罵部屬較容易接納的模式。

「下次若是你改成這麼做，就不會再犯錯」，「你只差沒把這裡做到位，若是改過來你就不會失敗了」，這樣的責罵會是解決問題型責罵法。

【由現在看未來】＝解決問題型責罵法

職場工作和一般的運動比賽，比方棒球或者足球比賽是不一樣的，運動賽局會有結束，但工作沒有結束這一回事。即使部屬犯了大錯，當下也不會宣告比賽結束，一切都玩完了，做錯失敗也並非敗戰的輸家，所以別因為犯錯而責罵，是要透過責罵協助他**下次不會再犯同樣的錯誤**。

請你把目光放在未來，鼓勵部屬了解**這是過程，就從這裡學習然後讓它成為養分**。身為主管，要求部屬成長比要求他成功更來得重要。

如果你只是一味地要求成功，那麼相對的失敗就會變成精神壓力，會讓工作本身成為一件越來越苦的差事。但如果**追求的是成長，就連失敗也能成為契機**，無論是不小心失誤也好，客人投訴也好，意外事件也好，開發失利也好，麻煩難解的問題也好，這一切都將可以帶來成長。

透過這種信念的把握，就會帶給我們力量。

Point

追求的是成長，而不是成功。

05

寬容的主管，只會讓團隊崩毀

「那個人很可怕」──被部屬這樣認為的主管，往往是可以獨當一面的人。這種主管之所以能讓部屬戒慎恐懼，並不是遇事容易情緒化，只會用苛薄的言語來怒吼部屬的那種驚世主管，而是為人謹慎，對於守規矩十分要求，誰膽敢破壞一定會遭到嚴厲的責罵。

「**恪守原則，不為所動**」，是這種主管的可怕之處。

假如你不願意當個讓部屬害怕的主管，你就會開始對於不遵守指示的部屬放水，那會怎麼樣呢？這麼做將讓大家誤以為「不用管那個傢伙怎麼說啦，隨便聽聽就好」，於是再也沒有人把主管當一回事，你的領導力將受到嚴峻的挑戰。若是對於不遵守規則的部屬放任不管，又會是如何呢？「規則只是參考用的文件，遵不遵守根本沒人在乎，何必當個認真的呆瓜呢？」於是大家必然會開始疏忽怠惰，甚至會影響原本認真負責的員工。

「**夫火烈，民望而畏之。故鮮死者。水懦，民狎而玩之，則多死焉。**」這是出自中國古書《左氏春秋》的話。整句話的意思是指，烈火是可怕的東西，所以人們會感到懼怕而不敢靠近，於是因火而死的人就少了。另一方面，水看起來很沉穩安靜，人們會覺得沒什麼危險而經常在水中玩耍，反倒讓較多人因此溺斃。

寬宏大量的主管，就會產生過於驕縱的部屬，於是沒有人會聽從你的指示，做錯事，趕不上工作進度也無所謂，團隊組織開始崩毀。

為了確保整個團隊相當的規律和工作上緊發條，嚴格要求部屬遵守規定和合乎規矩是必要的。所以你要當個「囉嗦的主管」、「頑固的主管」，**讓他們對你的威嚴和嚴厲時時懷抱著恐懼之心。**

Point

「嚴格如火」讓部屬戒慎不出錯，「寬容似水」只會帶來懈怠退步。

06

責備要熱切正面，不能冷靜漠然

前幾天，我閱讀了一本關於「熱能」的書。熱能的傳遞是只能由熱到冷的單行道，溫度較低的物體無法傳達到較熱的物體上。這個道理不只在物理世界是如此，在人世間也是一樣，**缺乏熱情的主管，他的想法就無法傳達給部屬。**

責罵部屬的時候，不能過於客氣，一味地用迂迴的方式，平靜無波地講是不行的，**你擔心會傷害對方的念頭，反而會阻擾對方的成長。**

正所謂「良藥苦口」，許多時候必須要有熱過頭的準備，部屬才會感到嚴重才會反省，即使責罵的用詞有些嚴厲，但只要能散發出想栽培部屬，希望他可以成長的熱忱，對方一定可以感受得到。

我自己多年的經驗當中，也是經常在指導部屬時會不由自主地熱血沸騰起來，並且事後又覺得表現欠妥當而感到後悔，擔心對方會不會因此受到傷害。

然而當看了部屬後續呈上來的檢討改進報告後，很不可思議地，我以為自己熱過頭的斥責方法，卻讓他們有正面的感受，而在文件上寫著「那句話影響了我」、「我現在很感謝您」等等的回應。

所以，冷靜的責罵不一定是好的，充滿熱忱，即便有些嚴厲的責罵，反而能讓部屬真正感受你的熱忱，對你有所感激。

當你內心的出發點是急切希望對方可以成長時，你就會滿身熱誠，**也就很容易越罵越熱，就有可能發揮巨大的效果**。這可說是主管認真栽培部屬的實證，這種懷抱著愛的責罵，許多時候都比技術良窳來得重要許多。

冷靜且淡然的說教方式，有時候對方因為無感而沒聽進去，當你的起心動念是希望對方成長，這樣的熱情化為熱切語言時，即便是情緒高漲或可能一時之間有些衝突，事後依舊能打動對方的心，促使他逐漸成長。

Point

責罵時，只要抱持幫助部屬成長的熱忱，即便有些衝突，事後部屬都會感激。

07

帶有偏見的責罵，只是發洩情緒

跟我公司簽約合作的月極停車場，是一家中堅型企業的子公司，從該企業退下來的人就會到那裡擔任管理職。

某天，有位新的管理人上任了，這人看起來相當冷淡，即使主動打招呼，他連個微笑都不會回。當停車場其他員工全都忙著工作的時候，他還是擺出一副自以為很了不起的姿態，端坐在椅子上。我只有偶爾看見他在停車場的四周撿撿垃圾，完全沒看過他做其他的事。

我心想：「這個老傢伙以前必定是母公司的高階主管，真是個令人討厭到不行。」當時為了此事，我心中還頗為憤憤不平。

有一天，我去停車場時開車，現場已經滿滿都是客人在等待，所有的管理員都忙得不可開交，即便在這樣的狀況下，這個老傢伙還是不動如山地坐在他的寶座上頭。

久候多時的心情欠佳，火大地向其中一個管理人員抱怨：「那個人看起來不是很閒嗎？為什麼單單他可以如此偷懶，睜眼看著客人在苦苦等待？」

對方接口說：「讓您等這麼久，真是很抱歉。他上個月腦梗塞病倒了，現在還正在復健中。走路還沒有辦法走得很穩，煩請您再稍等一下，我們會趕緊努力來填補他的工作。」

我為自己的無知而惱怒，並且也覺得非常羞愧，當場就向他們深深地鞠躬道歉。

從那天之後，我看這位管理人的眼光就此改觀，他還是面無表情地坐著，還是不太走動，但我已經沒有任何憤怒的情緒。只要看到他在停車場四周打掃的身影，我就會在心底為他暗自喊著「加油」。

這個例子告訴我們，即使是同一個人，做同一件事，**也會因為你理解的方式而有全然不同的評價**。看待部屬，同樣也不能有既定的刻板想法，如果有了先入為主的觀念，對他的看法便會產生扭曲，如此帶著成見地責罵，又如何讓對方信服，他又怎麼可能成長。

正確理解對方，才能得出正確的評價，缺乏正確的評價，就不可能做出有效的責罵。

Point

搞清楚一切，才可以罵人。

08

不能選擇性的責罵，該罵就罵

幾十年前，在一次的公司聚會結束後，大夥互道再見，我負責把一位已經酩酊大醉的年輕員工送回家。

他實在喝太多了，連話都講不清楚。我攔了輛計程車，費力地把他弄上車，接著我和司機說了目的地，就在車子上路時，他迷糊且滿口酒味對著我說：「嶋田先生，你都會嚴加斥責A跟B，卻從來不責罵我，為什麼呢？請你也罵罵我吧。」一路上在抵達他家之前，他不斷重複這句話，一直講到車子在他家門口停下。事後當我和他聊起這件事時，他卻已經完全不記得了。

當時他是其他部門的職員，我和他在不同的樓層工作，對於他因為沒受過我責罵而難過的心情，我感到非常地詫異。

對部屬而言，主管不把自己當一回事的態度，比什麼都讓他難過。做得好不會獲得讚美，做得不好也得不到責罵，這種**遭到冷落、漠視，既沒有期待也不會要求，似乎被人討厭的感受，我想絕大多數人都不會歡喜的。**

為了避免部屬產生這麼想法，主管就必須具備公平責罵團隊所有成員的意識。假如犯同樣的錯誤，某個人你就嚴厲指責，另一位你卻輕輕放下，這樣的主管絕不會得到部屬的信賴，只會讓所有人覺得你不過對哪個人偏心罷了。

每個人都希望獲得他人的好評，都會有受到敬重的慾望，身為團隊的領頭主管，無論部屬的年齡或性別，對於每一個人的感受，都必須同等看待。當你只責罵特定的某些人時，只會被誤解為你是有位偏心的主管。

主管要推動提升的是整個團隊，**不要有選擇性的責罵**，公平誠摯對待每一個人，你將獲得全體夥伴的信任與愛戴。

Point

責罵不能有前提條件，該罵則罵，部屬才會信服。

09

分享失敗，縮短和部屬的心理距離

大家經常說：「厲害的選手不一定會是高竿的教練。」許多過去馳名全球的明星球員，當上教練後卻沒有像擔任選手時的成功。反過來說，讓人耳熟能詳的知名教練，之所以擁有如此成就，並非全然因為他們過去能投或擅打的天才能力。

無庸置疑地，這個道理放在職場工作上也是同樣適用，**個人表現優異的職員，未必能成為一個優秀的主管；一個出色的主管，也不盡然在當部屬時樣樣都能出類拔萃。**

「我過去都做得到，你為什麼沒辦法呢？」特別是像這樣以自己過去的成就否定部屬，是很糟糕的心態，只會削弱他的自信和熱忱。

責罵不是要否定部屬的人格，是要讓他發現自己的缺點，以及找到可以改

善的方法，最後幫助他得以成長。

為了達成這個目的，你可以把自己失敗的具體經驗拿來談談：「我也曾失敗過，後來是這樣克服的……」這是責罵部屬很有用的手法，對於部屬而言非常有幫助。

運用自己過去的失敗經驗，做為責罵時的參考教案，將會產生三種效果：

第一個效果，是**縮短自己和部屬的心理距離**。假如主管讓人覺得很完美，部屬就容易不敢親近，會產生自卑感，覺得自己根本達不到，甚至到了最後會有「你就是很行，而我們都很無能」的反彈情緒。反過來說，失敗也是主管可愛的地方，易於讓部屬想要親近，也會有共鳴。

第二個效果是**創造一個可以談論失敗的坦率環境**。沒有人可以凡事一帆風順，一生當中多多少少會嚐到失敗的滋味。透過自己失敗經驗的告白，你可以向部屬傳達「**失敗是改善的契機，是非常有價值的，所以沒什麼好隱瞞**」，如此讓整個團隊都樂意坦白分享自己的失敗經驗。

第三個效果是**帶給部屬從失敗中學習的積極樂觀態度**。成功有成功的滿足感，失敗也並非一無是處，從失敗中汲取經驗與學習思考，所獲取的**有時甚至比成功來得珍貴**，也更會是未來大成功的奠基，你的失敗過去，可以教會部屬保持積極樂觀的效用。

「把你的失敗告訴朋友，代表你非常信賴他，這比把他人的失敗告訴朋友更富有信賴感。」美國的政治家班傑明・富蘭克林[16]如是說。

身為主管，就大大方方地把自己的失敗經驗談，拿出來和團隊所有的夥伴分享。

Point

分享失敗，不會丟臉，而是縮短與部屬的心理距離。

16 班傑明・富蘭克林（Benjamin Franklin，1706年－1790年），美國著名政治家、科學家，同時亦是出版商、印刷商、記者、作家、慈善家；更是傑出的外交家和發明家。他是美國革命時重要的領導人之一，參與了多項重要文件草擬，並曾出任美國駐法國大使，成功取得法國支持美國獨立。

10

把責罵的理由推給他人，很不負責

我在二十多歲的時候，曾經當過公司董事長特別助理，他可是一位相當嚴格的人。

「那個人的服裝太邋塌了，你去嚴格指正他一下。襯衫的釦子要完全扣好才行，領帶也要繫好，別搞得歪歪斜斜的。」有時候他會指示我去做這樣的事。

我很不樂於對人數落這種事情，畢竟這麼做很容易招人討厭，也是我不喜歡的原因。因此我總是會跟對方說：「董事長要我告訴你……」

某一天，董事長發現我的這個手法，對我說：「喂！你真是個膽小鬼。從今天起禁止你拿『這是董事長說的』當理由來糾正對方。你要把它當成是自己的責任，自己的意見說出來，這麼做是為了你好。」他這麼責罵我。

當時的我還不太懂，為什麼這是為我好？而且我為了要去做這件事而感到痛苦萬分，但還是鼓起全部勇氣，把這些都當做是自己的意見來指責對方。但是，我也因此看出利用主管名義責罵他人的三大弊害。

首先第一大弊害就是，**失去別人對你的信賴**。

用主管名義來責罵，對方會感覺你只會體察上意，只看主管的臉色辦事，是為了自我保護才要我聽話遵從。如此，你的指導力便會大大降低，也不會有人覺得你是值得信賴的。

第二大弊害是，**無法傳達出自己的真意**。

如同方才我自己的實例，董事長所想的是：「那樣的穿著方式會被人懷疑缺乏可信度，導致外人對公司失去信賴感，所以一定要改正過來，所以指示你去做好責罵工作，讓犯錯的人可以改善。」換言之，他這麼做無非是為了對方著想。

但是我卻用「董事長說你……」的方式來表示，這絕對無法把董事長的真實想法傳達給對方。

第三大弊害，是**團隊工作產生混亂**。

在這個案例中，我因為不想被討厭所以利用主管名號來責罵對方，被指責的人會因為我的技倆，只會埋怨主管而不會對我憎恨，如此一來公司內部會產生不和諧的聲音，也有可能產生打亂團隊工作的情形。

況且你運用「上頭的人這麼說你」，這種沒有魄力的責罵方式，對方也不太可能聽從，到頭來錯誤沒得到改善，團隊組織還因此產生隔閡。

你的缺乏勇氣與不負責的態度，並沒有為你或團隊帶來任何好處，而且還會產生如此三大弊病，這不是一個優秀有擔當的主管會做的事。

Point

把責罵理由推給他人，只會讓自己和團隊都失分，沒有任何好處。

11

年紀比你大的部屬，該怎麼責罵？

一般來說，大家都不太喜歡比自己年長的部屬，總覺得他們很難使喚。只不過，如果主管自己就對他們敬而遠之，以不面對、不接觸的態度相處，那麼對方也會感受到，彼此的人際關係就會產生齟齬。

假如你手下有年紀比你大的部屬，當他事情做得不盡理想時，你該怎麼辦、怎麼責罵呢？

以下三個要點，是你必須要注意的：

首先，你要**顧慮到對方的自尊心**。

對於自己年紀大過主管，卻屈居於麾下的這些年長部屬，內心是很可能感到顏面無光，如果又遭年輕主管的責罵，臉上更會掛不住，不滿情緒極可能會比其他人來得多。正因如此，如果在大庭廣眾的面前加以責罵，就會過度地傷害到他們的自尊心，這是不太恰當的作法。

責罵時，也盡可能**不要表現出是在質疑對方的能力**，類似「這種事情你也做不來嗎？」的言詞，只會對他丟臉的感覺更火上添油，一定要避免使用，否則對方或許會因此心懷恨意，開始妨礙你的各項事務推展。

第二個要領是，**與他們相處，要有保持應有的禮貌**。

你無法避免有事要他經手處理，但不因為對方是自己部屬，就用這種命令式口氣地說：「你去給我幹嘛幹嘛」，而是要用比較客氣的口吻會來得好，即便用上「請、您」也無所謂，這不會損傷你主管的權威。

所謂的主管，不過是在工作場合暫時被授予的角色罷了，別忘記對方在其他方面會是你人生的前輩。

第三個要領，是**表達出你對他的期待**。

當需要責罵對方時，可以使用一些說話技巧，讓他先感受到你對於他的期待。你可以先這麼說：「我希望你能成為大家的模範」，或者是「我希望你能夠幫我培育大家」，宣示他在團隊中的角色，然後再責備地說：「所以請你不要做這樣的事情。」

顧慮到對方的年齡和經驗，有禮貌地跟他相處，對方也會賣力地發揮自己的力量與所長。然而，我們不免會碰到即便再怎麼顧慮，就是會倚老賣老、不乾不脆的反抗者，此時你可視個別狀況處理，真不行的話你也無需太容忍，直接予以斷然斥責。

Point

顧慮老資格部屬的自尊心，有禮貌的表達你的期待。

12

年輕人只要被罵就受傷，怎麼辦？

雖然我個人不太喜歡時下一些對於現在年輕人的感嘆，然而隨著社會的變遷，在少子化、核心家庭化的結構現象當中，年輕一代的成長過程中，受到過度保護這點是不爭事實。

近年來，從小擁有自己的房間，經常獨自一個人玩電視遊樂器長大的小孩變多了，他們多在不需要顧慮家人和朋友的環境下成長。而且，即使在可以學習協調性和集體生活的學校，也變得較以前寬鬆，不再有嚴格要求，多以尊重個性為主要前提。缺少「為了第三者要控制自己，壓抑自己」的經驗，越來越多的孩子長大後無視周圍的人。

他們自從懂事以來，就被許多電腦科技組合而成的機器所包圍，較上一代熟悉如何使用應用軟體和炫目複雜的電腦遊戲。然而原本應該透過自己不斷嘗試錯誤，找出攻略方法為樂趣的電腦遊戲，大多數的現代年輕人，卻選擇直接購買遊戲的完整通關攻略，拿來照本宣科地運用。

從他們這樣的作為，可以了解當今年輕人的概念——「避開揮汗得辛苦，一切講求速成」，面對這樣的現象，也是無可奈何的事情。

一般來說，**有許多這樣的年輕人不習慣被斥責**，只要主管稍微訓斥一下，就會深受傷害，就會認為自己「被瞧不起」、「被否定」，並且產生「為什麼我要被罵呢？」的念頭，然後為此感到憤怒不已。

面對這樣的部屬，你該如何跟他們相處才好？他們不明白「愛之深，責之切」的道理，也不懂得要把被罵當作是改進的契機，如此自己將會成長。因此，為什麼責罵他、對他有什麼期待，這些你都要仔細地表達清楚，對於他該改進的地方也要給予具體建議。**在責備的同時，你必須好好仔細對話溝通**，直至他能夠接受才算大功告成。

德國大思想家歌德[17]曾說過：「如果你依照一個人的現狀，他就不會改變；

17 約翰・沃爾夫岡・馮・歌德（Johann Wolfgang von Goethe，1749年－1832年），德國戲劇家、詩人、自然科學家、文藝理論家和政治人物，為魏瑪古典主義最著名的代表。他是最偉大的德國作家，也是世界文學領域最出類拔萃的光輝人物之一。

但如果你以他應有的模樣來看待，對方就會變成你所期待的模樣。」

即使成長的環境不同，無論什麼世代的人其本質都是不變的。在心中描繪出應有的模樣，多花點時間培育他們。

Point

責罵的同時也要溝通清楚，直到他們接受。

13

責罵後的「關照」，比罵本身更重要

責罵之後，你該照顧的是什麼呢？是安慰受你責罵的部屬嗎？有些人為了維繫與部屬關係，或者基於不好意思的心態，會在責罵後給予部屬安慰，認為這就是對部屬的關愛和照顧，但這麼做是錯的。

部屬遭到主管責罵之後，必然會有一定的緊張感，這時你若靠過去對他說：「真是不好意思，剛剛我言重了」，如此一來，你的主管威信將會盪到谷底，並且部屬也很可能會因此疏忽而放棄改善的作為。**輕率的安慰，會讓費盡苦心的責罵失去了意義。**

之後，你應該要依照下列三個步驟進行，才能延續責罵的效果：

第一個步驟是**主動打招呼跟說話**。

當部屬受到斥責之後，多少會有「主管討厭我」的誤解，在這種時候你應該更要注意，積極地跟對方打招呼和主動說話。

第二個步驟是**仔細觀察部屬的作為**。

部屬並不一定會因為你罵過一次，就能夠完全理解你所斥責的那些內容。你必須主動詢問：「現在做的還順利嗎？，有沒有什麼問題呢？」確認他沒有困擾或是不明白的地方。

第三個步驟是**有所進展時，就要積極讚美**。

看看責罵後的結果，即便只有那麼一點點的進展，就請你不吝嗇地給予部屬讚美。

倘若**尚未有成果出現，你也要給予鼓勵**：「你不也正在努力當中嗎」，讚美他對工作的處理方式與努力。當感到被看見、被認可，部屬的自信和熱忱就會提高，就能夠積極地往前邁進，尋求改善對策。

不用擔心稱讚這點小事會有得意忘形的狀況，**把被責罵當做起點，讓部屬體驗到成功感覺的機會，這是很重要的激勵。**

責罵後所做的事，比起責罵本身更直接影響到部屬的成長，身為主管不要光只是罵人，還應該要觀察之後的作為，積極地支持部屬，這樣才是正確的。

Point

不只責罵，也要給予支持讚美，即便只有一點點成果。

結語

好主管，就該扛起「責罵」的勇氣

人的內心是很脆弱的，總是易於在問題產生之時不敢面對挑戰，於是開始尋找各式各樣的藉口，好讓自己可以逃跑。然而，無論是什麼困難，只要勇敢地正面接受，人的能力就會因此得到成長。

讓我們來想像一下，在「主管之路」上有兩個人，其中一個空著手輕鬆地走著，另一個則是背著沉重行李辛苦地往前邁進。

當然，兩手空空的人肯定會比較輕鬆，只不過他也因此無法鍛鍊出什麼力量。另一個有著沉重行李扛在肩上的人，必然是很辛苦地一步步往前走，他一邊揮著汗水，甚至眼眶還可能噙著淚水。沉重的行李讓人的力量一點一滴的增加，於是乎他比空手的人將擁有更多倍的力量。再者，持續經過了一段時間後，當有一天他習慣了行李的重量而不再感到辛苦時，就會在不知不覺中能夠挑得起更重的東西。

就任公司的管理職，就是要背上相當程度的行李，假如為了逃避眼前的痛苦，不帶行李上路的話，那便得不到任何力量，而且過了不久之後，你會面臨更痛苦的狀況，就像前面提到「不責罵」的壞處。

即便一開始很辛苦，上路時，也要把行李背上身，就算整個人快因此倒下也要拚命忍耐，在重複的失敗中堅持與學習下去，你就會一點一滴的逐漸得到「領導」的力量。

責罵對我們來說，也許是一件結實沉重的行李，如果因為討厭就逃避，那麼永遠也都無法磨練出能力。

請你相信自己，拿出勇氣來責罵部屬吧，也許很難在剛開始就順順利利——部屬根本無動於衷；怎麼罵都看不到可觀的成長，我相信這樣的衝擊、挫折在所難免。不過，即使是如此你也要堅持地責罵，縱然要面對好多次的失敗，也不可以退縮，因為唯有跨越這些辛勞，賣力持續地往下走，你才能夠獲取強大的力量，才能成長為一位真正的好主管。

我衷心祈禱各位將來都能成為十分幹練的主管，並且能在商業職場上變得更出色，更活躍。

最後，我要感謝在出版上大力幫忙的株式會社PHP EDITOR GROUP的各位，特別是擔任編輯的見目勝美小姐。

二〇一三年八月

嶋田有孝

職場通 職場通系列014

好主管一定要學會責罵的技術

主管這樣罵人，部屬感激你一輩子

ビシッと言っても部下がついてくるできる主管の叱り方

作　　者　嶋田有孝
譯　　者　張婷婷
總 編 輯　吳翠萍
主　　編　賴秉薇
封面設計　張天薪
內文排版　菩薩蠻數位文化有限公司

總 經 理　鄭明禮
業務部長　張純鐘
行銷企畫　賴思蘋・簡怡芳
法律顧問　第一國際法律事務所　余淑杏律師
電子信箱　acme@acmebook.com.tw
采實官網　http: //www.acmestore.com.tw
采實文化粉絲團　http: //www.facebook.com/acmebook

I S B N　978-986-9030-78-6
定　　價　280元
初版一刷　2014年9月25日
劃撥帳號　50249912
劃撥戶名　核果文化事業有限公司
100台北市中正區南昌路二段81號8樓
電話：（02）2397-7908
傳頁：（02）2397-7997

國家圖書館出版品預行編目資料

好主管一定要學會責罵的技術：主管這樣罵人，部屬感激你一輩子／嶋田有孝著；張婷婷譯-初版- -臺北市：核果文化，民103.10面；公分.--（職場通系列；14）譯自：ビシッと言っても部下がついてくるできる主管の叱り方

ISBN 978-986-9030-78-6

1.管理者 2.人事管理

494.23 103018006

核果文化 CORE PUBLISHING

廣 告 回 信
台北郵局登記證
台北廣字第04401號
免 貼 郵 票

核果文化 CORE PUBLISHING 核果文化事業有限公司

100台北市中正區南昌路二段81號8樓

核果文化讀者服務部　收

讀者服務專線：(02) 2397-7908

好主管一定要學會 責罵的技術

主管這樣罵人，部屬感激你一輩子

嶋田有孝 著

張婷婷 譯

職場通 系列專用回函

系列：職場通014

書名：好主管一定要學會責罵的技術

讀者資料（本資料只供出版社內部建檔及寄送必要書訊使用）：

1. 姓名：
2. 性別：□男 □女
3. 出生年月日：民國 年 月 日（年齡： 歲）
4. 教育程度：□大學以上 □大學 □專科 □高中（職） □國中 □國小以下（含國小）
5. 聯絡地址：
6. 聯絡電話：
7. 電子郵件信箱：
8. 是否願意收到出版物相關資料：□願意 □不願意

購書資訊：

1. 您在哪裡購買本書？□金石堂（含金石堂網路書店） □誠品 □何嘉仁 □博客來 □墊腳石 □其他：____________（請寫書店名稱）
2. 購買本書日期是？_____年_____月_____日
3. 您從哪裡得到這本書的相關訊息？□報紙廣告 □雜誌 □電視 □廣播 □親朋好友告知 □逛書店看到□別人送的 □網路上看到
4. 什麼原因讓你購買本書？□對主題感興趣 □被書名吸引才買的 □封面吸引人 □內容好，想買回去做做看 □其他：____________（請寫原因）
5. 看過書以後，您覺得本書的內容：□很好 □普通 □差強人意 □應再加強 □不夠充實
6. 對這本書的整體包裝設計，您覺得：□都很好 □封面吸引人，但內頁編排有待加強 □封面不夠吸引人，內頁編排很棒 □封面和內頁編排都有待加強 □封面和內頁編排都很差

寫下您對本書及出版社的建議：

1. 您最喜歡本書的特點：□實用簡單 □包裝設計 □內容充實
2. 您最喜歡本書中的哪一個章節？原因是？

3. 您最想知道哪些關於自我啟發、職場工作的觀念？

4. 人際溝通、說話技巧、自我學習等，您希望我們出版哪一類型的商業書籍？